NHK BOOKS
1289

数学の思想 [改版]

murata tamotsu
村田 全
mogi isamu
茂木 勇

NHK出版

解説　宇宙を正確に表現する手段

津田雄一（ＪＡＸＡ宇宙科学研究所教授・「はやぶさ2」プロジェクトマネージャー）

論理だけで構成される学問

人間は一本の葦にすぎない。……これを圧《お》しつぶすのに宇宙全体が武装する必要はない。……しかし宇宙が彼を圧しつぶすときも、人間は彼を殺すものよりも高貴であろう。何故なら人間は自分が死ぬことも、宇宙が力において自分に勝っていることも知っているからである。宇宙はそれを知ってはいない。

有名なパスカルの『パンセ（思考）』のなかの言葉である。人を人たらしめているところの思考は、人類と自然界との対話により進化してきた。狩猟採集民が木の実や獲物を数えるための計数・記数・算術技術から始まり、時間・天体観測・土地測量のための幾何法則など、人類は有史以前から数学的な手法を作り上げてきた。文明成立後にはそれが高度な水準の数学の発展に繋がり、文明の交流により現代数学へと展開されていく。

著者は言う。「世界の根底には数や式で表わされるある理法があって、しかもそれは理性ある人ならば本来誰にでも捉えられる――そのような信念こそあらゆる〝数学〟に共通な一つの根本的精神のように思われるのである」（本書二七ページ）。このような数理思想の中から、思想を排除し論理のみで構成した学問が生まれ発展していくいきさつが面白い。汎《はん》人類的な数理への信念がギリシア数学、アラビア数学、インド数学、ローマ文化、ルネサンスを経て、近代数学、現代数学へと昇華していく様態は、一本のストーリーラインに沿ったものでは決してなく、また数少ない偉人のバトンリレーでもなく、実際には、多くの無名の人々から成る文明による、文化的思索の積み重ねであったことを、本書は教えてくれる。

そして、そのような数学の発展のエンジンが、普遍性の探究、あるいは文化を超越しうる理性力と言えるものなのだ。数学は「多面的で創造的で、科学技術とのつながりはもとより、哲学や思想や芸術などとも深い交渉をもち、人類の文化史に深く根を下ろした極めて壮大な学問である」（本書二四ページ）。

数学が創造したもの

では数学は何を創造したか。著者は、第一に「論理的な学問体系」、第二に「十進記数法」、第三に「記号法」を挙げている。

論理的であることは、事象の真偽の判断が文化的背景や思想、嗜好に依らないということだ。

だからこそ、数学は人類の悠久の歴史の中で、行きつ戻りつはあったが、人種・文化圏・時空を超えて受け容れられ発展してきた。いわば人類社会の共通言語、自然界の共通理解を表現する役割を担ったのである。

仮に地球外の知的生命体に人類が遭遇したとして、数学は、彼らとの意思疎通の手段となる、あるいは少なくとも手段を開発するほとんど唯一の拠り所になるであろう。それは、まさに先述の文化圏・時空を超えた真理が数学の土台だからだ。しかし、一歩引いて冷静に考えると、人類の現有の数学が「真理」などというのは早計であろう。数学的思考を始めてからたかだか数千年という時間は、宇宙の百三十八億年の歴史に比べてあまりに短い。件《くだん》の宇宙人が、地球人の方に会いに来たとしたら、その文明は地球文明よりよほど高度であろうから、より正しい「真理」に到達しているに違いない。そのとき、我々人類の数学がいかほど通用するかは興味をそそられる。

そして、論理的な学問体系と同等に重要な創造が「十進法」であった。論理的な思考をこれほどまでに便利に表現できる方法はあるまい。今では小学生でも知っている十進法の歴史は、「零《ゼロ》の発見」に代表される、多文明の思索交流の結果であったことが、本書で生き生きと描かれている。

「記号法」はさらに、数学的思考を数字ではなく記号で表現することで、微分積分学に代表されるような、宇宙法則を表現できる体系へと高めた。

どうやって「はやぶさ2」の軌道を計算したか

私事で恐縮だが、私は普段宇宙工学の研究をしている。地球から宇宙探査機を打ち上げ、何十億キロメートルの飛行をさせ、天体に到達させ無人探査活動をさせる。ときには地球から惑星への片道飛行ではなく、目標天体との間の往復飛行をする探査機をつくり、天体探査後に地球に帰還させる。私の仕事は、そのための軌道（飛行経路）の設計をする研究だ。

このとき用いるテクニックは専《もっぱ》ら数学である。特に関係するのが、ユークリッド幾何学、微分積分学、ニュートン力学、確率論、オペレーションズ・リサーチなどである。（これらは、すべて本書の中でトピックとして扱われている！）私は専らこれらの数学的テクニックを実用ツールとして利用しているという立場だが、使えば使うほど、その世界表現の正確さには驚嘆を覚えずにはいられない。

宇宙探査機の軌道計算は、それがどんなに複雑な軌道であっても、常にニュートンの運動方程式と万有引力の法則から始まる。二〇二〇年に日本の小惑星探査機「はやぶさ2」が六年間、五十二億キロメートルの太陽系飛行ののちにオーストラリア上空で大気圏突入し、無事地球帰還を果たした。その軌道設計を担当していた私は、二〇二〇年十二月六日二時二十八分四十九秒（日本時間）に、オーストラリアの砂漠の夜空の計算通りの方角に、予測と一秒と違わず大気圏突入の火球が見えた時に、人知を超えた偉大なものに触れた気がして身震いするほど強烈な畏怖を感じたものだ。

はやぶさ2の六年間の宇宙飛行中、当然ながら私は探査機を一切見ていない。私が見ていたのは、探査機から送られてきた信号がニュートン力学と整合しているかどうかだ。幾何計算と微積分により軌道を予測し、計測や計算の誤差を確率論で扱い、決められた燃料の範囲内で飛行できることを立証するためにオペレーションズ・リサーチの考え方を適用した。それを六年間ただただ丹念に繰り返した結果が、目の前に極めて正確に、火球として現れたのだ。数学という机上のテクニックと物理現象が直接、目の前で結びついた瞬間。数学と宇宙との調和を感じずにはいられない瞬間だった。

数学が人類の進むべき道を照らす

いまや我々人類は、発見的に見出されたケプラーの法則がニュートン力学で記述可能な概念であることを知っているし、ニュートン力学がアインシュタインの相対性理論に内包された、光速より極めて遅い物体の運動にのみ適用される数学モデルであることを知っている。ユークリッド幾何学が、人間の目にする直感的な世界を表現する幾何学であり、一般幾何論の一つにすぎないことを知っている。

本書で繰り返し説明されているように、数学は基礎理論の開発と応用の繰り返しだった。むしろ、土地測量や天体運行など、目に見える事象を表現する実用手段としての需要があり、その一般化のために基礎数学理論が組み立てられていった経緯がある。あの相対性理論でさえ、アインシュタインの天才的な発想により産み出されたものであるが、そこには実験によって次々に露呈する電磁気学とニュートン力学の矛盾という、その時代の課題があった。相対性理論はその矛盾を極めて美しく解決したが、新たな謎と仮説も生んだ。そしてその仮説の立証手段として素粒子物理学や天文学が発達していく。応用から基礎、基礎から応用が絶え間なく産み出されてきた。つまり数学史とは、目の前の事象、自身を取り巻く世界の正確な理解への飽くなき渇望の歴史と言えるだろう。

宇宙探査は、人類の手を太陽系の外縁にまで伸ばした。そこに必要な技術の大半は十七世紀に発明されたニュートン力学までで充分であった。現代数学と二人三脚で発展してきた現代物理学を具現する技術がいつか実現されれば、私たちの手は、隣の恒星系、そして隣の銀河系に届くであろう。理論はある。それを実現する技術をまだ持たないだけだ。そこに、人類の進むべき方向性が垣間見える。数学は、闇夜の雲間に輝く北極星のように、自身の輝きによって、私たちの探究心の向かうべき方向を照らし出してくれている。

本書は、そのような人類の悠久の数学史の確固とした序章を余すことなく伝えてくれている。

原著はしがき

数学の歴史を顧みても、数学の社会的需要が現在ほど多かった時代は見当らない。一時代前の常識では数学者と、ある部門の科学者、技術者を除いては、一般人は数学にほとんど縁のないものと考えられていた。ところが最近では、科学・技術の分野はもとより、これまで無関係と思われていた社会にも、数学は恐ろしい勢いで入りこんでいる。そのため世の中の数学に対する関心は、益々高まりつつあるようである。

いまでは、数学の入門、新しい数学の初等的な解説書など、専門外の人に向けての数学書が数多く発行されている。またテレビやラジオでも、通信教育の形での数学に毎日相当な時間を割いて放送を行なっている。こうした社会状勢に呼応したものであろうが、ＮＨＫ教育テレビでも、一九六五年四月から一年間、毎月一回の番組として、教養特集「数学夜話」が企画された。この番組に一ヶ月交替でレギュラーとして出演した私達は、ギリシャ時代から現在に至るまでの数学の中から、十二の話題をひろって、毎月一回夜八時から九時までの一時間、数学をテレビにのせるという仕事をした。

テレビで放送される数学は、普通、学校の数学と同じ内容か、ないしはそれと密接な関係にあるものであって、それらを視覚にうったえて解説するのがおもである。

ところが「数学夜話」は、数学を直接使うことのない一般知識人を対象とし、教養としての数学を放送しようとしたもので、これまでの数学番組とはいささか趣きが違っていた。このようなものがテレビの帯番組として放送されたことは、確かに画期的なことであったと思われる。こうした企画に対して私達が最も適当であったかどうかは甚だ疑問ではあるが、NHK通信教育部のスタッフやゲストの方々の御骨折りで、とにかく一年間を通じ何とかその責を果すことができた。

ところがその途中、その内容をNHKブックスの一冊として出してはという話になった。もちろん放送の目的でいろいろの準備もし、材料を整え、毎回ゲストの方々をお願いして、一回ごとにまとまった形のものを作り上げてはいたのであるが、いざこれを書物にするとなると、いろいろの問題が起こってきた。放送は毎月一回であったので、毎回読みきりにしなくてはならないし、時には幾分の重複も考えられていた。また、放送では、テレビの画面という視覚的な効果を相当強く意識して計画されていたし、さらに、ゲストの方々が、それぞれの立場でいろいろのお話をして下さっていたので、それをすべて収録することは相当大へんな仕事である。それに、書物にするとすれば、やはり全体としての流れと、何か一貫した筋が必要である。このようなテレビ放送と活字で書かれる書物との本質的な違いが、まず私達を困惑させた。そこで、私達は「数学夜話」の精神を生かしながら、あらたに筆を起こして「書物」を書くという方針に切りかえることにした。そして、二人がたがいに連絡をとりながらも、それぞれの立場で二つの大きなテーマをとり上げて分担執筆をすることになったのである。したがって、本書は、全体が大きく二部に分かれている。

第Ⅰ部は村田が担当し、数学史を貫いてその底に流れる数学のこころを語ろうとしている。文化史的な視点をとり入れ、いくつかの新しい材料をも用いて、書き下したものである。

第Ⅱ部は茂木が担当し、数学の現代的な面を、いくつかの話題を中心に、できるだけ予備知識を仮定せずに語ろうと試みている。十九世紀以後の分化した数学のあらゆる面に触れることは、もとより不可能であるが、現代的な数学の根本を貫ぬく、抽象化という思想と、それが社会に生きている姿の一部を解説してみようとしたものである。

「数学夜話」の企画に当っては、NHKの西内久典氏の並々ならぬ努力があった。実際の放送の際には、アナウンサーの水野孝之氏が毎回司会をされ、番組担当のプロデューサーとしては西内氏のほか、米山精観氏と山東功氏が当られ、そのほか通信教育部の方々がいろいろの面で援助して下さった。ゲストとして御出演下さったのはつぎの方々である。

石原善太郎　大久保武彦　唐津一　古在由秀　内藤多仲　中村幸四郎　永井博　長野隆業
西村敏男　西平重喜　塙克郎　広重徹　三浦一郎　吉田洋一　矢部真（敬称略五十音順）

これらの方々が、深い学識と非常な熱意を傾けて御協力下さったことに私達は深い感謝を捧げたい。また吉田洋一、中村幸四郎、一松信の諸氏は本書のいくつかの個所について、適切な御注意を下さった。併せて厚く御礼を申上げる。

なお最後に、本書がこのようにして世に出る運びになったのも、ひとえに、NHKブックスの益子喜芳氏の御骨折りによるもので、私達は氏の御厚意に心から感謝したい。

一九六六年五月　著者

目次

第Ⅱ部　現代数学の背景　181

Ⅶ章　数と図形　183

校閲　三枝みのり

本書はＮＨＫブックス42『数学の思想』を底本とし、読みやすく版を改めて刊行するものです。現代の観点からは時間の経過を感じさせる記述もありますが、刊行時点での見通しにも意義があること、著者が故人であることに鑑みて、修正は行っておりません。また、文章の趣旨を変更しない範囲で最低限の表記の変更を行いました。（編集部）

第Ⅰ部
その底に流れるもの

第I部では、数学の過去の歩みを扱うが、筆者は単なる数学の歴史をでなく、いわば〝数学への歴史〟を書こうとした。

すなわち、数学が学問以前の混沌の中から次第に形をなして生まれた過程と、その底を流れる西欧思想との意外に深いつながりなどを描いてみようとしたのである。

古人は歴史を鑑《かがみ》と呼んだが、われわれもまたこのような歴史を介して、現代の数学ないし現代の文化について、何事か思うところをもちたいと思う。

（村田　全）

Ⅰ章　学問《マテマタ》が数学《マテマティックス》となる

1　数学と創造的精神

数学は計算や証明だけの学問ではない

最近は数学ブームなどといわれて、世間一般の数学に対する関心はずいぶん高くなった。それというのが、数学の応用が従来のような自然科学の方面だけに止まらなくなって、数学人口が格段に増したためであろう。

しかしながら、それでは数学への理解や親しみが昔よりずっと深まったかというと、この方は多少怪しいような気がする。人々の関心は、でき上がった数学を手っ取り早く理解したり、利用したりという方向に集まっていて、そのような理論なり応用なりを開拓した数学的精神の方までは、なかなか及んでこないのが普通である。

こういったからといって、それでは数学とは何か、特に数学的精神とは何か、などとひらき直られては困る。このような質問は容易に答えられるものでもないし、だいいちここには誰もが納得する答などありそうにないからである。もちろんこの書物自身は、筆者のこの問題に対する一つの答案になるであろう。しかしそれとても、ありうべき多くの答の一つに過ぎない。むしろ、読者自身がこの問題を自分に向けられた問として、自分なりの答案を試みられてはどうであろうか。以下の話がそのための一つの参考になれば幸いである。

数学は多くの場合、計算や作図や証明の学問と思われている。もちろんこれは誤りではないが、数学をそれだけの学問とすることは、実は大変な誤りである。もっとも、小学校から高校・大学までの間で、数学に計算や証明以上の重大な意味があるなどと教えられる機会は、ほとんどないであろう。そこで話はまずこの辺から始めようと思う。

今ここで考えている〝数学〟とは、今日われわれが教わっている西洋伝来の数学のことであるが、これは決して計算や証明などだけをこととする、限られた性格の学問ではない。これはもっと多面的で創造的で、科学技術とのつながりはもとより、哲学や思想や芸術などとも深い交渉をもち、人類の文化史に深く根を下ろした極めて壮大な学問である。むしろ、数学は今日の西欧文明を培ってきた根本的要素の一つであって、もし西欧文明とは何かというような問題を歴史的に考えるときには、キリスト教の思想などとならべて、必ず考慮しなくてはならぬ大きい思想の流れでさえあるのである。

こんないい方をすると、数学者が大風呂敷を拡げて我田引水をやっている、と考えられる読者もあるかもしれない。しかし上のような主張をするのは、どちらかといえば文化史家や哲学者の方であって、数学者には却ってそれほどの意識のない人が少なくない。これが筆者の単なるひとりよがりではないということの説明こそ、以下の話の中心眼目の一つなのである。

数学は何を創造したか?

この質問に対して第一にあげるべき項目は、論理的な学問体系の創造ということであろう。これが数学の創造物といえるかどうかには問題の余地もあるかもしれないが、ともかく紀元前三世紀頃に書かれたというユークリッドの『(幾何学)原論』(以下『原論』と呼ぶ。Ⅱ章参照)は、恐らく人類が最初に創造した論理的学問体系であり、しかもたとえ今日まではいわぬにせよ、少なくとも十七世紀までの約二千年にわたって、学問的叙述のための手本の地位を守ったものでもあった。われわれはⅡ章で、この論理的学問体系の創造にまつわる話をしよう。

第二には、今日われわれが常用している十進記数法の創造をあげる。人間のもつ数概念が生まれつきのものかどうかは別として、少なくとも数を記号で表わしたり、それを使って計算したりすることは、人間に生まれつきそなわったものではない。だからこそわれわれは小学校以来これを習ってきたのである。この今日の記数法の創造物語がⅢ章の主題である。

第三には、中学の代数学にも顔を出すところの記号法の創造をあげる。これが単なる略記計算法などとは根本的に違うという一つの例を、われわれはⅣ章で述べるであろう。

しかし記号法の真の影響は、さらに大規模なある創造につらなっている。それは他でもない、微分積分学という記号法的数学であるが、この問題の周辺には、ルネサンス以来の、宇宙観の革命から、空間と時間、無限と連続、力と運動など、さまざまの問題が渦を巻いて、二十世紀の今日にまで及んでいる。しかも意外なことに、この微分積分学形成史の本格的研究は、比較的最近にようやく進みはじめたところなのである。ともすれば固化して古びたものと思われがちな数学史の世界に、そのように新しくかつ雄大な動きのあることを伝えるのが、Ⅴ、Ⅵ章の目的である。

微分積分学形成の問題は実は数学的自然科学の創造と相伴って起こっている。現在では数学と自然科学とは親戚のように考えられており、科学者や工学者の中には数学を科学技術の手段としか見ていない人もあるようである。数学が好きだから理科方面へ進むといっても、人は少しもおかしいと思わないし、そもそも日本の大学の数学科は例外なく理工系の学部に所属している（注　歴史の古い西欧の大学には、数学科が哲学部や文学部に所属している例もないわけではない。別にそれがよいというのではないが）。

しかし実をいえば、自然の研究に今日のような仕方で数学を使うという考えは、太古以来あったものではなく、ある時代に人類が創造した革命的な思想なのである。ルネサンスから十七世紀にかけて、人類は文字通り血を流してこの思想を闘いとった。そして数学的精神はそのときの一つの推進力であった。このような観点からすると、数学を科学技術の手段としてのみ見る意見は、数学を極めて狭いものにしてしまうものであって、まちがった、あるいはむしろ危険な考えである。

実はこの自然科学形成の問題をはじめ、論理的学問体系の創造でも、記数法や記号法の創造でも、空間論、無限論その他もろもろの数学的理論の形成でも、多くの場合、数学というものがまずできていて、それが論理的学問体系なり、記号法なり、無限論なりを創るのではあるまい。過去に創造された数学はあくまで手本であって、むしろそのような体系を生み、方法を生み、理論を生むごとに、その苦闘の中から新しい一つの〝数学〟が誕生するというべきではないか。

少し気取ったいい方をすれば、数学は何を創造したかではなくて、数学はいかに自らを創造したかが問題なのである。長い目で見たときの数学の仕事は、決まりきった軌道の上でその歩みを進めることではなく、非数学の領域の中に、新たに〝数学〟の名に価する軌道を拓くことだといえるかもしれない。その場合数学とは実にその奔放な創造の底に横たわるあるものである。世界の根底には数や式で表わされるある理法があって、しかもそれは理性ある人ならば本来誰にでも捉えられる――そのような信念こそあらゆる〝数学〟に共通な一つの根本的精神のように思われるのである。われわれは後に、このような数理思想が、古代ギリシャのプラトン学派またはその周辺にまで遡《さかのぼ》りうることを、しばしば述べるはずである（注　Ⅱ章3節の話を頭において、〝その周辺〟などと断わったが、今後は簡単に〝プラトンの数理思想〟と呼ぶ場合も少なくない）。

話が少し大げさになったが、ここでもう一つ、新しい軌道の創造は今でも忘れられていない、というよりも、むしろ盛んに行なわれているという事実を付け加える。

誰もが一応は想像するであろうように、偶然ということはもともとは反数学的世界のものであったはずである。しかしそこに確率論という一つの新しい〝数学〟が創造され、それが自然科学にも社会科学にも、数多くのしかも本質的な影響を与えていることは、今日ではすでに広く知られている。最近の数学はこの勢いにのって、経済理論、社会学、心理学などと、さまざまの非自然科学的領域に進出を始めている。オペレーションズ・リサーチの数学、シミュレーション・メソードなどはその手近な例であるが、このような問題に数学を適用するという考えは、これも決して太古からあったものではなく、二十世紀現在の人類が行なっている一つの数学的創造に他ならないであろう。

数学史は一つの学問の歴史であるか?

数学について前のような広い見方をしていると、そもそも大昔から今日まで、「数学」という一つの名で呼び通せるほど一貫した学問の歴史が、本当にあったのかしらと思い直してみたくなることがある。

普通、数学史の書物のはじめには、例えば「エジプトの数学」などという章があって、そこでは今われわれが数学的知識と呼んでいるもの、すなわち数や図形に関する知識の断片が取り扱われている。しかし古代エジプト人はそれらの知識を一つにまとめて、それを一つの〝数学〟と認めていたものかどうか。考えてみると、われわれの数学が単に〝数の学〟でなくて、〝図形の学〟でも〝記号の学〟でもあるということ自身、奇妙といえば奇妙ではないか。このような数学の概念が、今から何千年も前のエジプトにあったとは到底思えないのである。

ほぼ同じ頃の「メソポタミアの数学」についても事情はさほど変わらないであろう。この地方の数学はエジプトより進んでいたらしい上、後で述べるギリシャ数学への影響も極めて大きかったことが次第に判ってきているので、詳細に見ると多くの問題があるかもしれないが、その〝数学〟が現在の数学を、その基本精神もろともに、そのまま小さくした形であろうとはまず考えられない。

いったい、昔の数学と今の数学とを同じ〝数学〟の名で呼ぶことは、本当に許されてよいことなのであろうか？　しかも考えてみると、この問を克服しないことには、「数学の歴史」というもの自身、その意味を確定しかねるのである。

幸いなことに、このような不安は「ギリシャの数学」をひもとくときになると、大幅に軽減される。今日の数学と極めて近い数学がそこにはじめて見出されるからであるが、同時にその背後には前にプラトン的数理思想と呼んだものが何となくただよっていて、それが二十世紀のわれわれにも多少の共感を呼ぶのではないかと思われる。

もっとも、これで数学という概念がすっかりでき上がったと見るのは問題で、筆者はこれを、いわば数学の卵が数学の幼虫に変わったようなものと考えたい。数学はこの先さらに脱皮し変態《メタモルフォーゼ》しなくてはならないが、ともかく卵のときと違って、成虫の面影がすでにその体形から見とられるのである。この先二十五世紀も三十世紀もありうる以上、二十世紀の数学を成虫にたとえてよいかどうかは解らないけれども、である。

このように〝数学〟の一貫性を疑ってかかったりするのは、異を好む説と見られるかもしれない。しかしここで筆者が試みたいのは、古来いろいろな時代のいろいろな性格の〝数学〟について、それぞれの個性をできるだけありのままに見て、できるだけ広くかつ柔軟な数学像を描こうということである。〝数学〟をこれこれのものと頭からきめてかかることは、前に科学技術との関係で述べたように、数学の今後の歩みのためにも取りたくない。数学史とは、できればわれわれ二十世紀人が、その世界観の奥深くもつさまざまの先入観念を、われわれに教え、克服させるきっかけになるものであってほしい。そしてそれこそが鑑《かがみ》としての歴史のもつ一つの大きい役割ではないか。

2　ギリシャの数学《マテマタ》

数学のことを英語でmathematicsというが、この英語の語源はギリシャ語のμαθηματα《マテーマタ》で本来は〝学ばれるべきこと〟の複数、いわば〝諸学問〟というような意味である。一般的な〝学問〟を指していた言葉が、今日〝数学〟のような特定の学問のために使われるようになったというのは、考えてみるとおもしろいことであるが、ここには実際に一つの興味深い歴史が潜んでいる。しばらく数学《マテマティックス》という言葉をできるだけ避けて話を進めてみよう。むしろ学問《マテマタ》が数学《マテマティックス》の意味に落ちついたら、そこでこの章の話を終えようというつもりである。

万物は数である

ピタゴラスの定理などで名高いピタゴラスは半ば伝説的人物であって、エジプトやクレタ島に学んだ後、南イタリアのクロトンに学校を開いたといわれている。紀元前六世紀のことである。学校とはいっても霊魂不滅を説く一種の宗教団体であり、当時の状況からして恐らくは一つの政治勢力でもあったのであろう。

この学園では魂の浄化に到る道として、音楽・天文・幾何・数論の四つの学問《マテマタ》が課せられ、「万物は数である」という原理が信じられていたといわれている。これらのことを伝える史料は極めて貧弱曖昧であるが、ともかく当時、数や図形の研究が、商業的必要を遥かに超えた形で、恐らく宗教上の目的によって行なわれていたことは事実であろう。先にプラトンの数理思想と呼んだもののさらに原型として、このピタゴラス学派の宗教的学問《マテマタ》の影響は（学者によってその評価に程度の差こそあれ）大きいものとしなければならない。

この学派が〝音楽〟を重んじたのは、その宗教的傾向から見てうなずけることであるらしい。実際、それは狂宴のような祭典を伴う宗教であった。してみると〝音楽〟はいわば神に入る道だったのである。さらに音楽にはリズムとか、音の調和を生む弦の長さの比とかという〝数論〟的要素があるから、〝数論〟もまたその宗教的目的に奉仕するとされたのかもしれない。「万物は数である」とはこのような事情を指したものであろうか。

実は、このような意見のある一方で、どちらかといえばこの学派に対してきびしい見方もある。正直なところ、ピタゴラスの定理の発見は恐らくピタゴラスより千年も前のメソポタミアでのことであり、一方その証明の方はピタゴラスより大分後代のことであるらしい。「万物は数である」にしても、それが万物の根底に数理的秩序があるという主張だと解釈できるのは、もう少し後の時代のことで、右の言葉なども単に「何事にも数が考えられる」というほどのことであったのかもしれない。

あるいはまたいわゆるピタゴラス学派とは、エジプトやメソポタミア、特に恐らく後者から、測量術や計算術や天文暦法の術をギリシャに移入した一群の人たちに、後世が与えた名であるようなこともないとはいえない。われわれがⅡ章で取り扱ういわゆるピタゴラス学派は、それがたとえそのような後世の呼び名であるとしても、特に困ることはないはずであるが、いずれにせよ一切は余りに古くまた余りに乏しいのである。

伝承によると紀元前五世紀のはじめ、ピタゴラスの学園は政治的闘争にからんで解散させられ、その学派の人々はギリシャのあちこちに散って、彼らの教えをひろめたといわれ、次に述べるプラトンの学園でも、新しい論理的な数学の形成に協力した数人の有名な学者たちが、ピタゴラス学派の仲間であったともいわれている。確かにピタゴラスからプラトンへの時代の間に何かが起こったのであろう。けれどもここでもわれわれは格別の証拠をもってはいない。大切なこと、それはこのような動きの中から、理論的学問の体系が生まれてきて、やがて西欧文化の一つの運命のようになっていったという事実の方であろう。

幾何学を知らざるもの、この門を入るべからず

古代史もプラトンまで来るとずいぶんはっきりする。この学派は時代と共に消長こそあったが、全体として伝統を絶やさなかったため、残された写本などの数も多かったのである。プラトンを過ぎてしばらくすると、歴史は再び薄明の中に閉ざされてしまう。

プラトンはいうまでもなくソクラテスの弟子で、紀元前三六八年に学園アカデメイアをアテナイの郊外に開いた。それは学校であり、研究所であり、また政治家や法律家を養成する政治勢力でもあったようである。この学園はギリシャ滅亡の後も長らくアテナイにあり、最後に東ローマ皇帝ユスティニアヌスの異教排斥政策のために閉鎖されたが、それは実に開校から九百年を経た五二九年のことであった。ただしその学問的活動の頂点は、開校当時の半世紀に足りない年月の中に見出される。

アカデメイアの入口に「幾何学を知らざるもの、この門を入るべからず」と書いてあったという伝説は有名である。この話の源は今のところ十二世紀のアラビアの学者の著書でしかないが、それでも決して見当違いの言葉ではない。別に「神は幾何学者である」というプラトンの言葉もよく知られているが、実際、ピタゴラス学派以来の四つの学問《マテマタ》、特に幾何や数論において当時展開されていた学問的方法は、深くプラトン哲学の根底につながっていたのであって、われわれは

Ⅱ章でこの問題を詳しくとり上げるであろう。

そういえば〝学問《マテマタ》〟という言葉が、もっぱら例の音楽・天文・幾何・数論のことを指すようになり、この四科を修める人を呼ぶ〝マテマティコス（数学者）〟という言葉ができたのも、ほぼここに始まり次の時代のアリストテレスの学園で決定的になったものとされている。

この四科一括のことなども、あるいは四科に共通なある根本的な性質、例えば世界の数的秩序といったようなものが、そこに認められたことを示すのかもしれない。しかもこういう推測はプラトンの哲学の場合、必ずしも無理なことではない。一般に世界の奥底に数学的《マテマティカル》な秩序を見出し、学問らしい学問は、ほとんどつねに数学的《マテマティカル》な形をとる、という傾向は、確かに西欧における学問的伝統の特色の一つであって、明治以前のわが国にあった東洋的学問の伝統とは明確な差を示しているが、その原型は恐らくプラトンの学園（ないしその周辺）において最初にはぐくまれたであろうといわれている（二七ページ、Ⅱ章3節参照。また下村寅太郎『科学史の哲学』、ラッセル『西洋哲学史』上などを参照）。

もっとも、プラトン主義の伝統は古代・中世を通じて連綿と伝わっていたにもかかわらず、数的秩序を云々するこの思想はルネサンス以前にはずっと見失われており、ルネサンスにおけるプラトン再発見という形を通してはじめて西欧に復活したということである。上記の西欧的学問の伝統も直接にはここに始まるのであるが、Ⅴ、Ⅵ章で述べる数学的発展の底には、この思想の復活の影響が確かに認められるのである。

学園ムサイオンの運命

プラトンの少し後の時代、前四世紀の末から前三世紀にかけて、学問の中心はナイル河口の新興都市アレキサンドレィアに移り、時の為政者の後援もあってそこで一つの黄金時代を迎える。これは学問にはお金をかけよということの見本のような時代の一つである。数学的学問の範囲だけでもユークリッド（エウクレイデス）の『原論』、アルキメデスの求積法その他多方面での独創的な諸業績、アポロニオスの『円錐曲線論』など、これらは直ちに十七世紀につながるばかりでなく、ものによっては現代数学と比べてもさほど見おとりのしないような、極めて高度の数学である。

この輝かしい伝統がどうして急に亡んでしまったのか。数学史家ファン・デル・ヴェルデンはこの理由を推して、当時は今日のような記号法がなく、伝承は口で語り手ずから図を描いて行なわれるだけであったため、一たび伝承が絶えたら、もうその復元は不可能に近かったという説をたてている（注　B. L. van der Waerden: *Science Awakening*, 1954. Chap. VIII.）。説得力のある説と思われるが、今はその方面には立入らない。むしろここで伝承の断絶についてすぐに思い浮ぶのはアレキサンドレィアの大図書館の焼失である。

アレキサンドレィアの地は昔から交通の要衝であったが、アレキサンドロス大王の遠征の後、前四世紀の頃からは、学芸の神ムサの神殿を中心とした学園ムサイオンをはじめ、大小の図書館が建設されて、最盛期の蔵書数は七十万とも称された。

これらの蔵書はすべてパピルスという一種の紙の上に、あるいは写字生の手で写本され、あるいは学園卒業生の手で筆写・献本されたものという。パピルスの原料はナイル河畔に産する葦《パピルス》であって、このことと大学園都市がそこに建設されたことは無縁ではあるまい。パピルスの産出量など細かいことはよく解らないが、もともとギリシャには蔵書の習慣はなかったらしく、アレキサンドレィア以外の目ぼしい図書館としては、ペルガモン、アンティオキアなど極めて少数のものだけであったといわれている（ケニオン『古代の書物』岩波新書）。

このようにかけがえのなかったこのアレキサンドレィアの文化財は、まず紀元前四八年カエサルの軍隊の失火で焼かれ、ペルガモンなどから本を移した後にまた度々の破壊を受けた。要するに集めてはこわし、集めてはこわしたと思えばよい。時代はすでにローマ時代で、社会的雰囲気は異教文化にきびしくなる一方である。破壊は四世紀の終わりまでには完了していたらしい。六四二年のアラビア人進駐のときには、もう破壊するほどのものは残っていなかったという。アラビア人が図書館を最後的に破壊したという説については、これを誰がつくり上げたかまで調べ上げられているようである（大英百科事典11版、Alexandria の項参照）。

粘土板とパピルス

アレキサンドレィアにおける文化の興隆と衰退とについて述べた機会に、少し脇道になるが、古代数学史に関する史料のことに少し触れておこう。

実は年代の古さの割にかなりはっきりしたことの解っているのは、メソポタミアの状況である。この地方は今日のイラクの辺りで、チグリスとエウフラテスの二つの河にはさまれ、世界における四大古代文明の一つである。この地に住んだシュメル人は紀元前四〇〇〇年の頃にすでに文字を知っていたといわれる。典型的なのは粘土板に彫られた楔形文字であるが、これは完全といえるまでに解読されていて、その高い文化のあとが次第に明らかにされつつある。いわゆる〝数学〟的業績の解明にしても、従来ギリシャ起源であると思われていたことの相当な部分が、メソポタミアからの伝来であったことが確かめられている（注　O・ノイゲバウアたちの努力による。なおII章参照）。これが僅《わず》か最近三、四十年のことであって、この先、発掘や研究が進んでゆくと、古代〝数学〟史全体が根本的に書き改められるような事態も起こらぬとはいえまい。

メソポタミアの〝数学〟的業績がこのような再評価を受けている背後には、その史料が保存に耐える粘土板であったという事実が大きく作用していよう。われわれはここで再び、アレキサンドレィアの猛火に焼かれた厖大なパピルスの山を思わないわけにはゆかない。

実をいうと、ギリシャにおける根本的史料の失われた責任を、アレキサンドレィアの図書館の焼失だけのせいにするのは多少行き過ぎであって、パピルス自身がその耐久力の故に、何百年かの間には書き変えて保存されるべきものであるらしい（ケニオン『古代の書物』）。そこで学問的伝統が絶えると、そのような筆写保存ができなくなって、消失の速度も加わるという事情などもあったようである。しかしともかくその保存の現状は極度に貧弱であるという他ない。古代の書物そのものが残っていないのは致し方なしとして、原典ができてから千年以内に作られた写本という程度のものでも、目ぼしい書物に対しては皆無に等しい。しかも書名だけ伝わって内容に何の手懸りもないという書物は、さらにそれ以上に多いのである。

この結果、ギリシャ〝数学〟に関するわれわれの知識は、事実上、少数の断片的史料とそれらを縦横に結ぶ推測の網とからなっている。四世紀のパッポス（Pappos）の『数学論集』八巻が最もまとまっていて、これ以前の業績の多くはこの書以外には見られない。もちろんこれだけが史料なのではないが、少し強くいえば、今日いうところのギリシャ〝数学〟史とは、主として十九世紀の優れた数学史家たちが、前述のようにして描き上げたそのような像の一つに他ならない。〝数学〟という言葉の内容自体に、すでに十九世紀当時の〝数学〟像が影をおとしているはずであるし、そのあるものは今となっては改修を要するかもしれないのである。先人の残してくれた古代〝数学〟史の像の中から、何が確実な史実であり、何が修正されるべき推測であるかを見極め、より客観的な古代史を再現してゆく仕事は、実に今後のわれわれ二十世紀人に残された一つの課題なのである。

3　中世の四科《クワドリヴィウム》・近世の数学《マテマティックス》

学問が四科《クワドリヴィウム》となる

学問《マテマタ》から数学《マテマティックス》までの話が少々脱線したので、ここでもう一度この話にもどそう。

ローマ帝国がその最盛期を過ぎ、ゲルマン人の大移動のあおりで西ローマ帝国が滅亡する四七六年の前後から、ギリシャの学問は再び少し息を吹き返す。もっともピタゴラス―プラトンの学風は、古代世界を見えがくれにずっと底流していたのであるけれども、古代から中世への境界というべきこの時代になって、ギリシャ的学問の復活が幾分顕著になるのである。

もちろんプラトン学派の数学を重んずる精神が、どこまで復活したかという点はかなり怪しい。しかし例えば例のピタゴラス以来の四つの学問《マテマタ》などが、改めて〝四科《クワドリヴィウム》 quadrivium〟と呼ばれて、文法、修辞、論理を含む〝三科《トリヴィウム》 trivium〟と共に、中世の僧院におけるいわゆる〝自由学芸 artes liberales〟を構成するようになるのである。

〝四科〟や〝三科〟が中世の僧院組織の中で固定されたのは、六世紀の東ゴート国（イタリア）の学僧政治家ボエティウスとカッシオドロスたちの頃のことであるらしい。ボエティウスには、ユークリッドの『原論』のほんの一部を証明ぬきで紹介した『幾何学』（注　偽書という説もある）と、二世紀頃の新ピタゴラス学派のニコマコスの『数論』を抄出した『数論』などの著書があり、これらは十二世紀頃まで、僧院における伝統的教科書であったという。

もとよりそれらは『原論』の体系とは似ても似つかぬ貧弱なものであったが、この後六百年にわたるこの伝統の力を無視することはできない。何といっても当時の文化の中心は僧院であり、そのあるものは今日の西欧の古い大学の母胎になっているのである。いくら役に立たぬといわれようと嫌われようと、学校といえば幾何や数論がついてまわるのは、Ⅱ章2節で述べるような本質的な問題もさることながら、この辺にその伝統の直接の起源をもっているのかもしれない。

もちろん、たびたびいうように、ピタゴラス―プラトンから、この西欧中世にかけての学問《マテマタ》が、すべて今日の数学《マテマティックス》の前身であるというのではない。むしろ両者は完全に異質であるといいきる方がよいので、四科の数論や天文などといっても数占いや占星術や、せいぜい数の哲学という位のところと見る方が当っていよう。今日の数学《マテマティックス》はむしろこのような学問《マテマタ》を否定し、これを踏みこえたところから生まれてくるのである。

アラビア人は西欧文化の継父である

ギリシャの〝数学《マテマタ》〟を今日のわれわれに伝えたのは、現在の西欧人の直接の祖先ではなく、七世紀に起こって急激に文化の花を開いた後、十字軍や元の侵入によって亡んだ東西サラセン王国、つまり現在のアラビアの民である。

アレキサンドレィアの興亡の最後の段階にアラビア人が登場したことは、すでに前に触れたが、他ならぬこのアラビア人が、やがてギリシャ文明を西欧世界に伝え、遂《つい》には西欧文明に対する継父と呼ばれるようになる。この間の文化的進展は極めて急激であって、筆者などには十九世紀後半以来の日本の興隆などが僅かにこれと比較できるもののように思われる。

アラビア人のアレキサンドレィア侵入の当時、そこに残されていた僅かのギリシャ文献は、逃れて東ローマ帝国の首都ビザンチウム（コンスタンティノポリス）に移され、そこでひそかに復活の日を待ったのであるが、一方アラビア人のギリシャ的学問に対する関心の方も八世紀頃から次第に高まった。すなわち、彼らは残されたギリシャ文献を次々とアラビア語に訳したのであって、西欧思潮においてプラトン主義と並ぶもう一つの大きい潮流であるアリストテレス主義を、西欧の地に伝えたのも、そしてまたわれわれのユークリッドの『原論』を伝えたのも、他ならぬこのアラビアの民だったのである。

学術語を全くもたなかった彼らが、この仕事のために行なった努力は極めて大きいものだったであろう。これに比べれば、徳川末期の蘭学者の努力さえかなり小さいものと思われる。ともかく当時の日本には漢学などの高い文化の素地があったけれども、アラビアにはそれさえなかったからである（ただし、文化の高いペルシャの民の貢献を忘れてはならない）。

アラビア人が自分の文化の中に採り入れたのは、決してギリシャ文化の遺産だけではなかった。彼らはそれと共に、古来インドに育っていた別の文化、ギリシャ的学問《マテマタ》とはかなり本質的な違いをもった一連の知識に触れて、それらをもまた自らの中に吸収していった。その中にインド独特の医術などと並んで、数の知識や図形の知識、特に現在毎日使われているインド式記数法、いわゆる〝零《ゼロ》の発見〟なども含まれていたのである。

やがて西欧の人々は、十字軍の遠征などをきっかけとしてこの高いアラビア文明に触れた。彼らはサラセンの都に留学し、アラビア語の書物を通じて古い東西の文明に目覚めていった。ユークリッドの『原論』にしても、インド式記数法にしても、もとはといえば、このようなアラビア経由の形で西欧に伝えられたのであって、『原論』の最初のラテン語本などもアラビア語訳からの重訳に他ならなかった。

こうしてプラトン以来の、特に今われわれが追跡しているギリシャ的数学は、アラビア文化のるつぼの中で、自分とは異質の、数・図形的知識と出会ったのであるが、この次の時代のルネサンスから十七世紀にかけて、そのるつぼの中から次第に一つの新しい学問が形をなしてくる。それこそが今日のわれわれの数学《マテマティックス》の直接の祖先であるといえよう。

ここでまた脇道に入るようであるが、アラビアにおける学問芸術の勃興について少々触れておきたい。これは今日のわれわれにとっても、必ずしも無縁のこととは思えないからである。アラビア文化の消長を見るとき、先進文化に対する前記のような翻訳、吸収の世紀がまずあり、これが一世紀余りも続いた後に、おもむろに創造的な時代が現われている。後にⅣ章で触れるオマル・ハイヤームなどは後者の例であるが、ともかく、少し前まで、模倣性ばかり強くて独創性なしなどといわれ、自分でも多少その気になっていたらしい日本人にとって、このように悠々たる先例を見ることはずいぶん心強いことではないか。

もっとも、当時のアラビアと現代の日本との間には、実は相当な違いがあって、両者の時代的背景の決定的な差もさることながら、アラビア学芸の発展の背後には、代々の教王の絶大な援助のあったことを十分評価しなくてはならない。それはアレキサンドレィアの学園建設に対するプトレマイオス朝の場合と並ぶ、まことに壮大な国家的事業であって、それらの意図がどこにあったにせよ、少なくとも今日までの日本の文化的姿勢とは比較を絶していよう。芸術のことはよく知らないが、学問のために国の総力を挙げたような時代が、日本の歴史にも、一度ぐらいはあってもよいように思うが、どうであろうか。

中世のルネサンス・十三世紀

十三世紀は西欧における学問の歴史の上で極めて意義深い時代であり、〝中世のルネサンス〟と呼ばれることさえある（バターフィールド、ブラッグ共著〔菅井準一訳〕『近代科学の歩み』第2節「なぜ中世に科学は後退したか」）。

第一にこれは、キリスト教の信仰とギリシャ諸学とを調和させる、いわゆるスコラ哲学の確立された時代であって、しかもそこにいうギリシャの学問が、実はアリストテレスの自然学的傾向のものであったことが注目される。前にも触れた通り、古代・中世を通じてのギリシャ的学問の伝統は、大体一貫してプラトンの思想の宗教的・超越的な側面であったが、この時代以後は、アラビア伝来の（そして、もとはといえば新プラトン学派の手で伝えられた）反宗教的・自然学的なアリストテレスの哲学が、はじめてキリスト教と手を握って、調和ある体系に仕上げられるのである。後にブルーノやガリレイたちを悩ました、いわゆる宗教と科学との闘争において、宗教側がもっていた体系の基礎はほぼこの十三世紀にできたものと思えばよい。

十三世紀のもう一つの特長は、アラビア文明ないしその背後にある古代ギリシャ文明に対する極めて顕著な知識吸収熱の勃興である。おもしろいことに、これが例えば技術革新や世界観の変革をひきおこすという事態は、まだしばらくは生まれてこない。いわば新しい時代を先駆する知的革新の情熱が、まず古典翻訳という形をとってほとばしり出たという感じである。

そういえば中世以来の僧院・学校が大学という形をとりはじめたのも、やはりこの時代であって、パリ大学は一二〇〇年、オックスフォード大学は一二一四年の創設などと伝えられている。しかもそれらの大学の外部においても、新しい学問の芽は着々と育っていたのである。インド式記数法が西欧に紹介されたのもこの十三世紀初頭である。これに関する話もいずれしなくてはならないが、ともかくこれなどは後に典型的な市民的数学に成長し、直接間接に近世の数学的自然科学の発展を支えたことであった。

われわれの現在の問題についていえば、この時代は特に〝数学〟——マテマタ？　マテマティックス？——という言葉が使いにくい。すなわち、一方では昔ながらの四科《クワドリヴィウム》があり、従って占星術や数占いじみた〝天文〟〝数論〟もあったであろう。またスコラ哲学の周辺で無限と連続、力と運動などまだ数学となる前の混沌たる言説もあった。あるいはまたユークリッドの『原論』をはじめとする本格的なギリシャ的〝数学《マテマタ》〟の流入があって、後の十五～六世紀ともなると、これが広く一般の数学者の常識となるまでにもなっていた。最後にそれに加えて、市民的な計算法や計量測定の術も成長しつつあった。

数占いの類はともかく、その他ここにあげたものはいずれも今日の数学《マテマティックス》の概念——論証の方法に貫かれ計算術も無限論も包括する一つの学問体系——の中にとりまとめられている。しかしその当時において、そのような高い意味での数学《マテマティックス》なる学問はまだ生まれてはいなかったのではあるまいか。

その例というわけでもないけれども、十四～六世紀における英語の用例ひとつを見ても、昔ながらの四科を示すことあり、占星術や詭弁術を示すことあり、また理性的学問を示すことありという具合で、これというつかみどころがないように見えるのである（Oxford English Dictionaryなどを参照）。

二つの〝アリトメティカ〟

中世の僧院の学校で〝アリトメティカ〟といえば、それはもちろん四科《クワドリヴィウム》の中の〝数論《アリトメティカ》〟のことであろう。しかし実をいうと、この言葉には〝計算法《ロギスティカ》〟に近い意味もあったようで、ギリシャ末期の学者ディオファントス（Diophantos）の著書『アリトメティカ』などは、ピタゴラス以来の数論ではなくて、むしろこの言葉の計算法ないし記号代数的な意味を代表する一つの顕著な例なのである。

ところで、十三世紀に西欧に紹介されたインド式記数・計算法は、十五世紀頃から次第に広く行なわれるようになったのであるが、ここにおもしろいのは、その世紀の末近くから、この計算法の解説書に〝アリトメティカ〟の名をいただくものが現れてくることである（例えばパチオリ『算術《アリトメティカ》・幾何・比および比例大全』（一四九四年））。ディオファントスの書物がすでに影響を与えているのかもしれないが、ともかく僧院の数論《アリトメティカ》に遠慮せず、外の世間で実用的算術《アリトメティカ》が堂々と歩き出した、と見てもよいのではないか。

つづいて十六世紀になるとイタリアに新しい代数学が興る。この頃には古代ギリシャ数学の文献はあらかた西欧に移入され、印刷本の刊行も行なわれているのであるが、この代数学によってはじめて西欧の人はギリシャ、アラビアの数学的成果を超えたのであった。ところがこれらの成果についてもまた、やがて〝アリトメティカ〟の名が用いられはじめる（例えば一五七二年のボンペリの著書 *L'algebra parte maggiore dell'arimetica*）。これなどももちろんディオファントスの影響であろうけれども、〝アリトメティカ〟が四科の中の〝数論《アリトメティカ》〟の他に意味を拡大している事実はもはや疑いをいれないであろう。

四科の一つである幾何《ゲオメトリカ》についても事情は似ている。僧院の外部では面積や体積の計算のような実用的要素が次第に重んじられ、そのような知識の書物に幾何《ゲオメトリカ》の名が与えられてくる。〝幾何〟にしろ〝数論〟にしろ、この時代にはそれぞれがかなり異質な二つの意味に用いられていた、といってもよいのではないか。

他方、音楽や天文は、同じく四科の仲間でありながら、十五〜六世紀になると、もはや数学《マテマティックス》の仲間ではなくなってきて、その代わりに、ギリシャとインドの双方から伝統を受け継いだ三角法が、新たに数学《マテマティックス》の仲間に加わってくる。例えば十六世紀のフランスの数学者ヴィエタの最初の著書は、『数学正典 Canon mathematicus』（一五七九年）という名の三角法の書物である。

いよいよここに〝数学《マテマティックス》〟という言葉が書物の標題として登場してきたわけであるが、意外なことに、この言葉を標題にもつ書物はこれ以前には驚くほど少ない。例えばＭ・カントルの有名な『数学史』には十五世紀頃以後に多少の例が見出されるが、その中にはこれといって重要らしい本はなく、このヴィエタの本などは目ぼしいものとして最も古い方に属する。

その理由はいろいろ考えられよう。例えば、当時の本は大体に小冊子で、限られた部門や個々の問題を取り扱った場合が多く、大局的な〝数学〟の概念を標題にすることは少なかったためかもしれない。あるいは前にちょっと触れたように、〝マテマティックス〟という言葉は占星術などの感心しない意味に使われる場合があって、何となくこの名に飛びつかなかったためかもしれない。しかしまた、ことによると、今日〝数学《マテマティックス》〟という言葉で表わしているような、ある統括的な概念、――前に述べたいろいろな意味の数論、いろいろな意味の幾何、その他もろもろのそういった理論を共通に貫ぬく一つの学問の意識――が未だ十分には熟していなかったという点もなかったとはいえまい。理由はこのように必ずしも明確ではないが、〝数学《マテマティックス》〟の名が書名に使われた歴史が案外に新しいというのは、少々おもしろいことなので、ここにちょっと触れておいたのである。

近世思想は数理と共に

前で引用したヴィエタの書物（一五七九年）から、Ⅵ章で詳しく述べる有名なニュートンの『自然哲学の数学的原理《フィロソフィアエ・ナチュラリス・プリンキピア・マテマティカ》』（一六八七年）までの百年余りの間に、〝数学《マテマティックス》〟という統一的な学問像は、いつとはなくはっきりと固まっているように見える。もちろんニュートンのその書物一つあればそれだけでそのような感じは生まれるかもしれないが、実はこの一世紀こそ古代ギリシャ数学の全盛期にも比すべき、極めて変化の激しい百年であって、数学《マテマティックス》なる概念の固まってくる事情にしても、かなり客観的ないくつかの事実が示せるように思うのである。

数学《マテマティックス》という言葉に、論証体系をもつ統一的学問という古典ギリシャ的な意味を決定的に付与したものは、結局のところ、ルネサンス以来復活した例のプラトン的数理思想（二七ページ）の力であろう。しかし、現実にそのなりゆきに手を貸した人といえば、まずデカルトとガリレイとをあげねばなるまい。

デカルトは近世哲学を拓いた人といわれ、またその上に数学者として解析幾何学を創り出した人ともいわれている。しかしこの場合、例えば森鷗外が軍医であり、また文学者であったというようなこととは本質的な違いをもっている。解析幾何学のことは後章でじっくり考えるが、ともかくデカルトの時代では、彼が〝数学者〟でありかつ〝哲学者〟であるという程に、この二つの学問が分離し確立してはいなかったことに注意すべきである。むしろこれらを明確に分離し、哲学には哲学の道、自然学には自然学の道、そして数学には数学の道というように、学問の道を分けてゆくのについて、デカルトは決定的な役割を果たした一人なのである。

さきに十三世紀のスコラ哲学のことを述べたが、その当時の思想には、神も自然界も精神界もすべて一つの体系にまとめられているという特色があった。それについてはV章の終わりでも触れるとして、たった今学問の道が分れてゆくと簡単に述べた言葉の裏には、物質界の法則と精神界の法則とを明確に区別する、いわゆるデカルトの物心二元論の思想が潜んでいる。これは実は中世以来のスコラ哲学への挑戦に他ならない。学問の分離はこの間の事情をはからずも明らかにしているのである。

一方ガリレイがコペルニクスの地動説を継承して、数学的自然学の道を拓いたことは有名である。彼は若い頃からアルキメデスに多くを学び、運動する物体の研究を幾何学的に展開し、後の微分積分学の形成に非常に大きい影響を与えた。Ⅵ章で述べるカヴァリエリ、トリチェリといった人々はその後継者であって、パスカル、ウォリス、ニュートン、ライプニッツなどにその業績はつながってゆく。

ガリレイの数学では主に幾何学が用いられて、記号的代数の方法（Ⅳ章）はまだ用いられていない。しかしいずれにせよ、ガリレイは好んで次のようなことを述べ、またそれをさまざまの形で実際に示したのである。

——この大きな書物、われわれの目の前に常にひろがっている宇宙には哲学が書かれている。しかし、その本を構成している言葉を会得し文字を読むことをはじめに学ばなければ、その本を理解することはできない。それは数学の言葉で書かれており、その記号は三角形や円やその他の幾何学的図である……。（フォーブス、ディクステルホイス共著〔広重徹氏ほか訳〕『科学と技術の歴史』）

デカルトの普遍（数）学《マテシス・ユニヴェルサリス》

デカルトが上記の新しい道を示したことについて、その捉え方の根底には例のプラトン的な数理思想があったのは事実であろう。しかしそれは単なる古典ギリシャの復活に止まるのではなく、古代と近代との数学的方法を鍛え上げ、これによって世界を識るための指導原理としようという意図が、明瞭に認められる。

例えばデカルトの有名な著書『方法序説』にしても、その正確な標題は、『かれ（著者）の理性を正しく導き、もろもろの学問において真理を求めるための方法序説、およびこの方法の試論たる光学、気象学、幾何学』というのであって、その幾何学の背景にはこれだけの事実があったことを示している。

そればかりではない。彼はその本文において、自分は若い頃ある三つの学問、すなわち論理学、古代人の幾何学、近代人の代数学の三者を学ぶことによって、ありうべき理想の学問における方法を会得しようとしたと述べている。

この事実はそれ自身それなりに大切なことであるが、今から見れば、数学《マテマティックス》の一言でまとめられてよさそうなこの三つの学問が、一応三者別々に扱われているのはおもしろい。これらの学問を共通に結ぶべき一つの数学《マテマティックス》という概念は、あえて皆無であったとはいわぬにせよ、まだ世間で普通に用いられるまでにはなっていなかったのであるまいか。

実は「数学《マテマティックス》」という言葉の誕生について、デカルトの影響はかなり大きいのではないかと思われる。彼は『精神指導の規則』という著書において、「マテシスという言葉は単に学問《ディスキプリナ》という意味に過ぎないが、いったい本当のマテマティカとは何であるか」と問題を提起し、自らそれに答えて、その本質は〝秩序あるいは計量の研究〟であると見定めている。そしてさらに、普通の数学《マテマティックス》の方法を手本として、より一般的な一つの学問を創造しようと計画した。その計画は彼の手では遂に実現しなかったが、彼はその学問に「普遍（数）学《マテシス・ユニヴェルサリス》」の名を予定しており、その考えの一つの反響は後にライプニッツの仕事の中に見出される。

ライプニッツこそは、人間の思考そのものを記号的数学の形で処理しようとした恐らく最初の人で、その大事業である微分積分学なども、よく見ると彼の目指していた記号的数学の、ほんの一つの成果とさえ見られるほどであって（Ⅵ章）、数学はライプニッツにおいて、深く人間の思考の世界の深奥に迫っていたのである。

もちろん今日までの数学は、必ずしもこのデカルト的構想の線に沿って生まれたものではない。早い話が、数理的自然科学の形成を、技術の発展その他から切りはなして、プラトン思想やデカルトの普遍（数）学《マテシス・ユニヴェルサリス》だけとの関連で論じたりしては、明らかに行きすぎであろう。けれども例えばニュートンの力学体系などにしても、できてみると宇宙の根底にある数学的理法をまざまざと見せてくれていて、数学はここで物的世界の本質にもつらなっていることを示している。

もちろんこういったからとて、われわれは二十世紀の数学を指して、これこそ世界を理解する鍵であるなどと、調子のよいことをいうつもりはない。しかし数学という学問が、かつてデカルトその他の人々によって、世界を解く鍵として求められたという事実は、ここで再確認しておいてもよいであろうし、考えてみると、超高速の電子計算機という画期的な技術の支えをえて、企業や政治・外交などに絶大な力を及ぼしつつある二十世紀の数学は、案外、新しい形のピタゴラスープラトン的な数理思想をその底にもっているといえるかもしれないのである。

さてこれでどうやら学問《マテマタ》は数学《マテマティックス》にバトンを渡したようである。そこでこの後は話が繁雑になるといけないから、ギリシャであれインドであれ、中世であれ十七世紀であれ、よほどのことがない限りはすべて数学という言葉の一本槍でゆくことにしようと思う。数学の概念がその先で変わるとしても、それはむしろ後章での話題とするのが適当であろう。

Ⅱ章

ユークリッドへの道——論証について

1　『原論』と論証の精神

ユークリッドの『原論《ストイケイア》』は初等的教科書ではない

この本の標題 *δτοιχεια*《ストイケイア》に当る英語は Elements であるが、これを elementary（初等的）な『幾何学初歩』などと思ってはならない。真偽のほどは知らないが、ギリシャ語「ストイケイア」をラテン語に直すのに、ＬＭＮと並べて element としたという話もあるほどで、元来この言葉は「ものの構成要素」とか「第一原理」とかの意味である。そこでよく『幾何学原論』と呼ばれるのであるが、もともと「幾何学」という文字はついていないし、内容も実は幾何学だけに止まるのではない。本書では『原論』と呼んでおこう。

もっとも『原論』の一部分は、前世紀半ばまで欧米の中学校で使われていて、その第1巻の定理5である「二等辺三角形の底角は相等しい」などは、「驢馬《ろば》の橋」と呼ばれていた。案外証明が面倒で、驢馬《アス》たちはここで落伍するということらしいが、実は駿馬が尻ごみしても不思議はなかった。こんな専門書をそのまま中学生に与える方が無理だったのである。

『原論』は十三巻からなる。第6巻までは平面幾何、第11巻以下は立体幾何であるが、第7〜9巻は整数論、第10巻は無理数の理論である。また平面幾何の部分でも第2巻は幾何学の形を借りた代数学初歩であるし、第5巻の比例の理論は実は今日の実数の理論に近い高級なものである

（注　詳しくは例えば中村幸四郎『数学史』を参照）。

結局『原論』は、当時ピタゴラス―プラトン学派の中に蓄えられていた厖大な知識の集大成で、しかも単なる知識の寄せ集めではなく、系統的理論体系として整理されたものなのである。

『原論』は理論一本の本である。例えば面積や体積の理論は正確に述べてあるが、数値計算例などは一つもない。その代わり議論の正確なことはまた驚くばかりで、紀元前三世紀頃の本といえば年齢はすでに二千年を超えているが、これを評価するのにその古さを割引く必要はあまりない。前章でも述べた通り、その叙述形式は長らく学問的叙述の模範とされたので、十七世紀の哲学者スピノザの『倫理学《エチカ》』や、有名なニュートンの『自然哲学の数学的原理』なども、この『原論』を手本にしたといってよいのである。

こうはいっても、『原論』が非の打ちどころのない学問体系だというのは言い過ぎである。『原論』の議論の運び、すなわち推論について問題はないけれども、推論の出発点である公理その他

についてはいろいろな問題があって、この先でも何度か話の種になるであろう。

二十世紀の今日では、『原論』の幾何学よりも遥かに精密な幾何学の体系が創られているし、そもそも数学的理論体系というものの意義が、ユークリッドの時代とはもとより、十八～九世紀と比べてもがらりと変わっている。このような事態は、第Ⅱ部で触れられるはずの非ユークリッド幾何学の誕生、現代的公理主義の思想の勃興などという事件によって生まれてきたものであるが、その間『原論』は何らかの意味でそれに関係をもっていた。要するに『原論』はかつて学問体系の一つの模範であったばかりでなく、学問体系についての新しい理念が生まれるに当って、超えられるべき一つの基盤の役割を果たしたのである。

ユークリッドの生涯はほとんど解っていない

『原論』が余りによく知られているだけに、その著者ユークリッド、ギリシャ名でいうエウクレイデス（Eukleides）の生涯がほとんど解っていないというと、人は不思議に思うかもしれない。しかし実際には、紀元五世紀のプロクロスの書いたもの以外に、その生涯に関する信頼すべき記録はほとんどないのである。

プロクロスはプラトンの流れをくむ新プラトン学派の一人で、数学史の上では『エウクレイデスの原論第一巻への註釈』の著者として名高い。この書は第1巻の註釈しか現存していないが、その中にユークリッドまでの歴史を書いた「歴史概観」という部分があって、これこそは古代人の手になる数学史として、今日残るただ一つのものなのである。

ユークリッドからプロクロスまでには約七百年の差があるが、「歴史概観」の材料には、ユークリッドと同時代の人らしいエウデモス（Eudemos）の書いた『幾何学史』が用いられている様子なので、その記述にはかなりの信頼がおける。もっとも、プロクロス自身が新プラトン学派の人であったためでもあろうか、プラトンの反対者と思われている学者、例えばV章で触れるデモクリトスのことなどは、完全に黙殺されていて、内容にいくらかのゆがみがありそうな点は否定できない。このようなありうべきゆがみを、別の史料その他からの考察、評価などによって少しずつ正してゆくというようなことも、実は数学史研究に課せられた一つの大きい仕事であって、歴史は、古い史料さえあればすむという程度の仕事ではない。

次に「歴史概観」の中からユークリッドの生涯に関する部分を引用してみよう。そこに書かれた内容もさることながら、われわれの一番頼りにする史料がどれほど薄弱な史実をしか伝えていないか、その点もまた一見に値するように思われる。

「ユークリッドはプトレマイオス一世の時代に生存していた。その理由は、この王の治世の終り頃に生れたアルキメデスがユークリッドについて言及していることがあるばかりでなく、つぎのいい伝えが残っているからである。すなわち、ある時プトレマイオス王がユークリッドに、彼の原論のしかたよりも、もっと手早く幾何学をやれないものかと問うたところ、ユークリッドは〝幾何学には王者の道はありません〟と答えたというのである。したがって、ユークリッドはプラトンの直弟子よりは新しく、エラトステネスやアルキメデスよりは古いということができる。

そしてエラトステネスがあるところで言及しているように、エラトステネスとアルキメデスとは同時代の人である」(中村幸四郎『数学史』)。

『原論』はいかにして復元されたか

著者ユークリッドについては、このように不明確な点が多いが、『原論』自身は幸いにして、ギリシャ数学の文献中でも最も完全な形で残されている。古写本の種類も多かったには違いないが、その校訂のための学者の努力も大変なものであった。その結果、今日のわれわれは、ユークリッドの時代以来恐らく最良と思われるほどの『原論』をもち、また『原論』の形成されてきた経過についても、驚くべき細かい知識をもっている。『原論』に心があれば、二十世紀を千何百年ぶりの知己と思っているであろう。

その反面ユークリッド自身は、この二十世紀のあくなき探究を迷惑がっているかもしれない。例えば『原論』がユークリッドという超人的天才の業績ではなく、恐らくはプラトンの学園アカデメイアを中心として結集した何人もの学者の、長年にわたる研究業績の集大成であろうという推測は、今ではもはや数学史的常識である。それどころか、「ユークリッド」は個人名ではなくて数人の著者の共同筆名ではないかという失礼な(?)説さえ試みられている。ユークリッドが個人であれば、全く憤慨に耐えぬ話かもしれない(J. Itard: *Les livres arithmétiques d'Euclide*, 1961)。

こんなことをいっていると、数学史研究というのはつまらぬことにこだわるものだとの批判を受けかねない。事実、ユークリッドが一人であれ多数であれ、いつ生まれていつ死のうと、それが数学の大勢にとって何事であるかというのは一つの見識であって、実をいうと筆者自身も原則的にはその意見に賛成である。しかし現在の問題だけに限っていえば、それらの問題が『原論』の形成過程を示してくれる限りにおいては、それは数学史の大勢になにがしかの影響を与えてくれるはずである。学問の歴史の上にこれだけ大きい意義を残した『原論』の形成史は、決して些細なことではあるまい。

そこで『原論』復元の物語であるが、今日の『原論』の主な出発点はシリアやビザンティウム（現在のイスタンブール）にあったギリシャ学者たち、いわゆるビザンティウム学派のもっていた古文献である。その後、八～九世紀頃からは、これらをもととするアラビア語訳が生まれ、ついで十二世紀の初め頃からは、アラビア語訳『原論』からのラテン語訳が生まれる。そのうちビザンティウムがトルコ人の手に落ちて（一四五三年）、ギリシャの古文献がイタリアへ移動するという事件やグーテンベルヒの印刷術の発明（一四三八年頃）などの事件があって、一四八二年には『原論』の最初の印刷本が刊行されるという運びになる。これはアラビア語からの重訳であるが、その後は原典からの直接訳もいくつか現われて現在に続いている。

厄介な話であるが、これらの訳書の元となった古写本の内容は決して一定していたのではなかった。考えてみれば、写本の写本のまた写本というような積み重ねで、その間には省略もあれば誤りもあり、註釈や雑録の混入もあったのであろう。異本の多いのは当然のことで、かえって比較考証すべきそれだけの資料があったからこそ、『原論』の復元も今日のようにうまくできたのであろう（日本では伊東俊太郎氏に優れた研究がある）。

それにしてもその多数かつ不完全な古写本や断片の中から、それらの比較対照によって、最も信頼すべき標準的『原論』を考証したというのは、どの位の大事業であったことか、これを敢てしたのは十九世紀後半の数学史家ハイベルク（Heiberg）であって、先にユークリッド時代以来の最良の『原論』といったのはこのことである。もっとも、これほどのハイベルク編の『原論』でも、今後再吟味の必要がないとまではいえないかもしれない。史料はたとえ元のままでも、数学史の研究方法自身は変わりうるはずで、その点、今日の数学史研究は、他の一般の学問と同様に、激しい流動を示しているのである。

論証という名の討論

さて『原論』の書き方は一定の形式に従っている。例えばその第1巻では、最初に23個の定義、5個の公準、5個（ないし8個）の公理がくる。次ページの上に示すように、定義は術語の意味の説明、公準・公理は図形その他の基本的な性質と見てよい（なお七七ページ参照）。

定義・公準・公理の次には、定理とその証明と続いて、定理48とその証明をもって第1巻は終わる。定理47、48は有名なピタゴラスの定理とその逆定理である。

この間、定理、証明、定理、証明と続く以外に一言の無駄口もきかない、一見まことに無味乾

『原論　第1巻』

定　義

1. 点は部分のないものである.
2. 線は幅のない長さである.
3. 線の端は点である.

…………

23. 平行線とは，同一の平面上にあって，双方にいかほど延長しても，どの方向においても交わらないような2直線のことである.

公　準

次の事がらが前もって要請されているとしよう.

1. 任意の点から任意の点に直線をひくこと.
2. 有限の直線を続けてまっすぐな線に延長すること.
3. 任意の中心と距離（半径）をもって円をかくこと.
4. すべての直角が互いに相等しいこと.
5. 1つの直線が2つの直線に交わって同じ側に（和が）2直角よりも小なる内角を作るとき，この2直線は，それを限りなく延長すれば，直角よりも小なる線のある側において交わること.

共通概念（公理）

1. 同じものに等しい2つのものはまた互いに相等しい.
2. 相等しいものに相等しいものを加えれば，その全体は相等しい.

燥な書き方で、おのおのの定理の証明には、証明ずみの定理と最初の定義・公準・公理以外のことは用いられない。極度にやかましくいうと少し怪しい点もないではないが、少なくともそうあることがこの書き方の理想になっている。次ページの命題1はその例である（注　例えば命題1で二つの円がΓで交わることは暗黙のうちに用いられているが、他とのつりあいからいうと、これなども公理とすべきであろう。しかし、このことは公理とはされていない）。

このように、既知のことがらだけを基礎として、そこから正しい論理の運びによって当面の定理を導いてゆくことを〝論証〟と呼ぶならば、『原論』第1巻の全体は、おそらくは定理48のピタゴラスの定理をその論証の最終目

3. 相等しいものから相等しいものを引けば，その残りは相等しい.
(4) 相等しくないものに相等しいものを加えれば，その全体は相等しくない.
(5) 同じものの2倍である2つのものは互いに相等しい.
(6) 同じものの半分である2つのものは互いに相等しい.
7. 互いに重なりあう2つのものは互いに相等しい.
8. 全体は部分より大きい.
〔(4)，(5)，(6) は古来異本の多い部分であるが，後で一つの話の種になる〕

命題1. 与えられた有限の直線の上に等辺三角形を作ること.

与えられた有限の直線を AB とせよ，A 中心，AB 半径で円 BΓΔ を描く，また B 中心，BA 半径で円 AΓE を描く．交点 Γ と A, B を結ぶ.

このとき AΓ＝AB (円 BΓΔ の半径)，また BΓ＝BA．同一のもの AB に等しいことから，AΓ＝BΓ，すなわち，三角形 ABΓ は等辺三角形である.

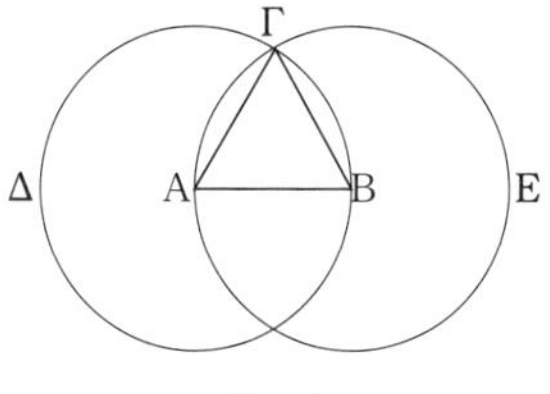

fig. 1

(点，直線などを記号 A, B などで示すのは，この時代からであるが，等号＝は後世のものを流用した.)

標として、これに到達すべく体系化されてきたものと考えられる。第2巻以下も同様であって、要するに『原論』は人類が論証的学問体系を、それも十分の自覚をもって創造したことを示すところの不滅の記念碑のようなものである。このような論証の方法が無意識に得られるはずはなく、その背景には当然それを支える思想があったと見るべきであろう。

　論証を支える思想を理解するには、二人の人物が討論している状態を頭におくとよい。いま甲が例えばピタゴラスの定理の正しさを主張しようという。乙はそれを軽々しくは信じまいとの心構えで聞いている。このとき甲はどのようにして乙を説得しようとするのであろうか。

もし甲のいうことを乙がことごとく納得してくれるならば、説得ということの必要はない。恐らく乙は甲の論点のいくつかをついてくるであろう。その新しい問題点を、あるいは直接に説得し、あるいはもっと単純な問題に帰着させて、次第に議論の整理を進め、遂に二人の間に何の問題をも残さないようになれば、甲の仕事は成功したのである。

もとよりこの議論の間、お互いの論理に誤りがあってはならない。しかし論理さえ正しければそれですべての論点が完全に解決されるかといえば、それは決してそうではない。これは、世の中には揚げ足とりがたくみで、根掘り葉掘りたたみかけてくる人もいるという位の問題ではなく、そもそもすべての言葉を説明しつくし、すべての主張を説きつくすことが、そのまた説明に言葉や事実を用いる以上、到底できない相談だからである。

この限りない押問答を断ち切るには、どこかで相互に理解しあう点がなくてはならないが、この点にこそ定義・公準・公理というものの意味がある。すなわち、これらは討論をたたかわす二人の人が共通に承認することがらであって、これを万人共通の真理とするか、それとも討論者同志の諒解事項の程度に見るかは別として、論証にせよ討論にせよ、このような共通の基盤をどこまでいっても共有しえない相手は、縁なき衆生という他ないのである。

『原論』の無味乾燥に見える議論運びの背後には、論証ということの精神に関するこのような自覚と論証を行なうについて守るべき一定の規範すなわち論証形式というものの確立とがあったに違いない。これは全く驚くべきことで、例えば今日でも、たとえいくつかの定理の証明はできても、その証明なる手続きの背後にある論証の精神について、ほとんど何の自覚もない人達は決して少なくないのである。

『原論』とプラトン哲学

前で説明した論証的数学は、数や図形に関する単純な経験的知識とは全く異質のものといってもよかろう。論証的学問の創造あるいは自覚ということが、人類文化史上でどの位意義深い事件であったかということは、考えれば考えるほど重みを増すようである。

経験的知識から論証的学問体系へのこの飛躍は、いつ・どこで・どのようにして起こったものであろうか。実はこの問に答えるのは数学史の仕事というより人類文化史の仕事であって、これをまともにとり上げては大変なことになるが、一般にはこれは古代ギリシャ人の功績と信じられている。もっとも、メソポタミアでその飛躍があったとする説もないではないが、個々の事実の断片的「証明」位ならばともかく、体系的論証の方法となると、今のところその証拠がない。一方ギリシャには『原論』という証拠があって、その点で圧倒的に強いのである。

一応ギリシャ説をとるとして、次の問題は、いつ・どこで・いかにを、もっと細かく調べるということであろう。これには社会経済史の立場から説く人もあれば、哲学史から説く人もあり、また数学内部の発展を説く人もあるという具合で、もちろん学者の説は一つではない。しかしここでも『原論』は何よりの証拠であるし、一方その形成にプラトン学派と見られる学者グループの貢献していいるらしい証拠もあるので、ここにプラトンをかつぐ説が出たのはむしろ当然のことであろう。十九世紀末の数学史家ツォイテン（Zeuthen）によるプラトン革命の説、すなわち経験的知識から論証的学問への飛躍はプラトン哲学の指導の下で行なわれたとする説は、この代表的なものである。

　プラトンの哲学《フィロソフィア》とかアカデメイア派の学問《マテマタ》などというと、I章の話などもからんできて、ことはまた微妙になるけれども、ともかくプラトンが、一方では『対話篇《デアロゴス》』において弁証法《ディアレクティケ》という説得術を展開し、他方ではいわゆる「数学《マテマタ》」の勉強を、より高い愛知《フィロソフィア》――哲学――の精神体得のためのひながたとして推賞していたということは、共に動かせない事実である。「幾何学を知らざるもの、この門を入るべからず」という看板が本当にあったとしても、それは決して単なる宣伝文句やお飾りではなかったはずである。

　けれどもこのプラトンによる革命説には、今では昔ほどの説得力はない。それは『原論』の形成の道すじが次第に明らかにされてきて、プラトン以前にもすでにかなり進んだ論証的学問のあった形跡がかなり明瞭になってきたからである。

2　数か図形か

『原論』とメソポタミアの数学

プラトン以前の数学の状況を考えるについて、見逃すことのできないのはメソポタミアからの伝承である。メソポタミアの数学は、たとえ論証形式への自覚はなかったにもせよ、驚くほど高度なものであって、実をいうとユークリッドの『原論』で取り扱われた材料の相当な部分は、メソポタミア伝来のものかもしれないといわれている。例えばピタゴラスの定理にしても、少なくとも経験的事実としてならば、ユークリッドの千年も前にすでにメソポタミアで知られていた。その証拠が粘土板の上に残っているのである。メソポタミアでは天文・暦法などの必要からであろうか、二次方程式のある標準的な解法——今日の根の公式を文章で述べたような形をもっていたし、ある形の三次方程式も数表を用いて解くことができた。この二次方程式の解法に相当する事実が、『原論』の第2巻や第6巻などにおいて、幾何学の形に直されて体系的に述べられている。次ページの図はその最も簡単な一例である。

この方面の理論は今日、幾何学的代数と呼ばれている。ギリシャでの円錐曲線（円、楕円、双曲線、放物線など）の取り扱いの基礎に用いられたりする大切なものである。メソポタミアの代数からこの幾何学的代数への移り変わりの様子は、同地出土の粘土板の史料と『原論』との比較考証によって、細かいところまで確かめられている。

実は『原論』の中から幾何学的代数を抽き出して見せたのは、プラトン革命説を唱えたツォイテンであったが、その後の研究によると、この幾何学的再編成の仕事はプラトン時代より前の、いわゆるピタゴラス学派の手で着手されたもののようである。

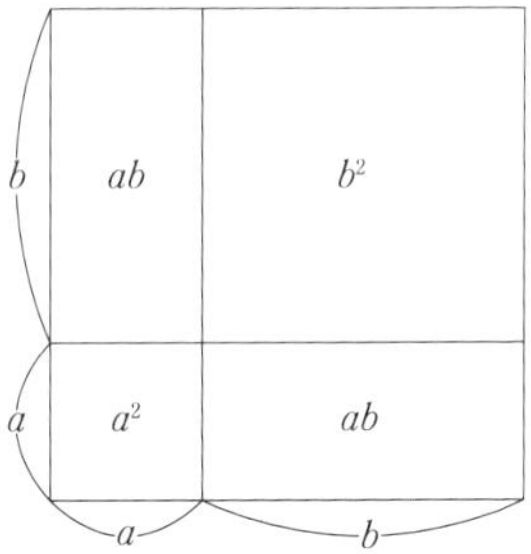

$(a+b)^2=a^2+2ab+b^2$
の幾何学的証明
（a^2 などの記号は現代の流儀である）

fig. 2

プロクロスの「歴史概観」の先に引用したより少し手前の部分には、キオスのヒッポクラテスがはじめて『原論』を編集したとか、その他、ユークリッド以前に、レオン、テウディオスなどもそれぞれ『原論』を編集したなどのことが書かれている。また別の資料ではあるが、ヒッポクラテスより古く有名なエレアのゼノンの同時代に、オイノピデスがある定理を証明しているとの説もあって、後で述べるゼノンの話と思い合せると大そう示唆に富んでいる。

これらはいずれもメソポタミアその他の数学を消化し何らかの意味で論証的学問を形成するのに一役を果たしたのであろう。これらが現存しないのは残念であるが、今日のユークリッドの『原論』こそ、これらのもろもろの『原論』の総合ないし再編成であったと見られる節がある。この方面に関するかなり新しい研究はこの章の終わりで紹介するとして、まず、何故にメソポタミアの代数は、ギリシャにおいて幾何学的再編成を受けねばならなかったかについて少し考えてみたいと思う。

数と図形との調和

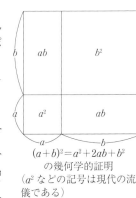

実はギリシャ数学においては、I章で触れたディオファントスをまず唯一の例外として、記号代数が不振であった。メソポタミアの代数幾何学の一件といい、それやこれやを総合すると、ギリシャ人は本来、代数が性に合わなかったのかと考えたくなるかもしれないが、ことはそれほど単純ではない。ギリシャ人の記数法が不便なものであったという問題は、幾分かこの記号代数不振に関係するのであるが、代数の幾何学化についてここで特に述べたいのは、彼らが数と図形との関係を考えるについて、極めて高い論理的要求をもっていたという事実である。

もともと数と図形との間には、例えば線分があれば長さがあり、正方形には広さがあるというような深い関係がある。それはいわば図には数が与えられ、数は図で表わされるというつながりで、ここではこれを数と図形との調和と呼んでおこう。この数と図形の調和はエジプトでもメソポタミアでも恐らくいわず語らずのうちに認められて来たのであろうが、ギリシャ時代になって、〝数〟の概念が吟味されると共に、この調和ある関係も極めてきびしい批判を受けるに至ったようで、メソポタミアの代数の幾何学化は、実にこの方向に沿って起こったできごとと見られるのである。

〝数〟の概念を論証の形でとり上げたのはピタゴラス学派からであろう。彼らのいう〝数〟は今日の自然数のことであるが、偶数・奇数の理論から、約数・倍数・素数・数の比例など、今日の初等整数論に当る一連の理論を、彼らは組立てていったものらしい。『原論』第7〜9巻はその成果の集大成と見られる。

おもしろいことに、これらの三巻には〝公理〟がなく、理論は〝定義〟だけから始められている。このことはこの三巻の際立った特色であって、後でもう一度話の種にしようと思うのであるが、ここではさしあたって、第7巻の初め二つの定義を(少し意訳して)あげておこう。

定義1　存在する個々のものは1と呼んでよろしい。単位とはこの1のことである。

定義2　数とは単位の集まったものである。

さて自然数だけを〝数〟だと思っているこの世界の中で、〝数〟と図形の一体的関係を真正直に信ずるとすれば、右の定義1、2に呼応して、例えば線分の長さという〝数〟は〝長さの単位〟の集まりであるとでも考えざるをえなくなる。もっとも、この場合の〝単位〟は、必ずしもメートル法でいうm、cm、mmなどの絶対的単位でなくてもよく、a、b二本の線分の長さの公約数に相当する、いわゆる通約量があればそれでよろしい。もしどんな二本の線分a、bの間にも必ず通約量という共通単位cのあることさえ解れば、a、b共にcの自然数倍となり、a対bの比も自然数の比でかきかえられる。問題はそのようなcがつねに見つかるかどうかである。

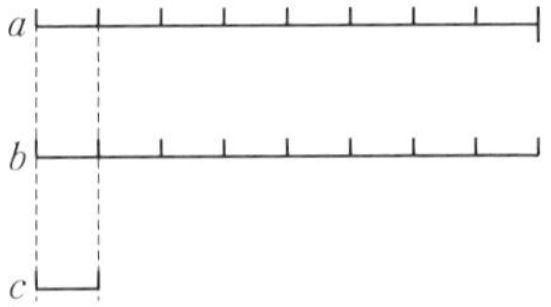

fig. 3

ところでここにそのような望みを打ちくだく例があった。正方形の一辺aと対角線bとの組はその例であって、上に示すように、aとbに共通単位があるという仮定は、自分の中に矛盾をもっていて、受け容れることができないのである(このような証明法は背理法と呼ばれるが、この章の終わり頃とV章とでまたこの方法のことを話題にする)。

a と b との間に通約量 c があったと仮定すると，

$a/b=p/q$（p, q は互いに素な自然数）

とすることができる．これとピタゴラスの定理とから，

$a^2/b^2=p^2/q^2, 2a^2=b^2$ すなわち $q^2=2p^2$

してみると q は偶数でなくてはならない：$q=2n$

これを上式に代入整理すると，$p^2=2n^2$.

してみると p も偶数 $p=2m$. これは p, q が互いに素な自然数であるということに矛盾する．矛盾の源は最初の仮定である通約量 c の存在にあるので，この仮定は否定されねばならない．

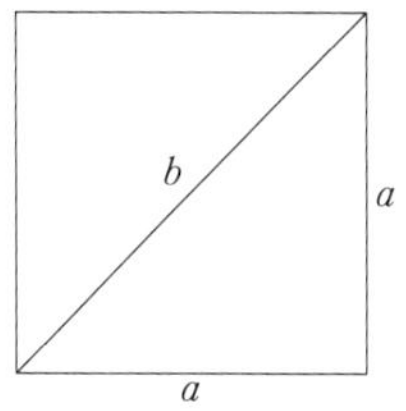

fig. 4

図形が数に優先する

上の例における b 対 a の比は、今の言葉でいえば無理数 $\sqrt{2}$ である。今日では〝数〟の概念が拡張されていて、自然数の比である有理数の他にそれらの無理数をも使えるから、〝数〟と図形との調和はすでに回復されている。しかしそれは長い歴史を経て獲得した人類の知恵であって、ギリシャ人達は〝数〟の概念の拡張へは進まなかった。彼らは数と図形との調和をあきらめ、例えば線分の長さによって示される〝量〟の方が、〝数〟よりも広くかつ有力な概念であると見たのであろうか。図形を図形として〝数〟と独立に取り扱う方向に、彼らは学問の進路を向けたのである。それが彼らの〝幾何学〟であって、メソポタミアの代数がこの体系の中に吸収されたのも、まさにこの理由によると思われる。

例えば少し前に引用した『原論』第2巻の

$(a+b)^2=a^2+2ab+b^2$

に当る命題にしても、これを単に数の計算規則としておくよりも、量の計算規則として長さや面積の形をかりて表現し、かつそれに

正確な証明を与えておく方が彼らにとってはずっと有意義であったに違いない。してみると、ギリシャ人は、記号的計算法のある代数学こそは知らなかったにしても量に関する計算規則という意味の代数学はもっていたし、しかもそれは、古今を通じて最も正確な論証に支えられた独特の代数学の一つであったといってよいであろう。一方、記号法による代数学は、このギリシャ流の幾何学的代数学と比べるとき、極めて重要な意味を数学史の上にもっているのであるが、これについてはⅣ章で考えて行こうと思う。

定理　DをBC上の任意の点とすると

△ABD：△ACD＝BD：CD

（略証）

$\triangle ABD=\frac{1}{2}(BD)\cdot(AH)$

$\triangle ACD=\frac{1}{2}(CD)\cdot(AH)$

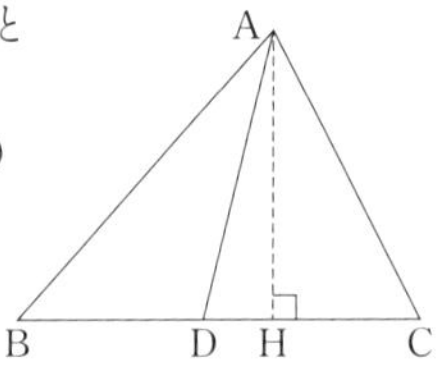

fig. 5

量の比の取り扱い

量の計算規則に関連して付け加えておきたいのは、例えば上の定理にあるような〝比〟の問題である。

量の計算といっても、線分の和・差・積などは、$(a+b)^2$の説明ですでに用いた通り、その意味ははっきりしている。しかし2本の線分a、bの〝比〟といわれても、さほどはっきりした図形的意味は浮んでこない。a、bに共通単位が見つかれば別であるが、その場合ならそもそも〝量〟の概念がなくてすませるので、問題はa対b、c対dの値が共に実は$\sqrt{2}$であるというような場合、$\sqrt{2}$なる〝数〟ももたないでいて、どうして二つの比の等しいことを主張しうるか、という点にある。

ちょっと見ると神経質すぎるようなこの種の問題を、ギリシャ人はやがて克服して、自然数の比に直しえないような〝量〟の〝比〟をも、十分理論的に取り扱いうるような理論を建設し、さらに進んである種の無理数に関する理論までも創り上げた。上に量の比の相等に関する定義をあげておく。詳しくは述べないが、おのおのを自然数倍することによって比の相等が解るようになっている点がおもしろい。これは原理的には十九世紀のデデキントの実数論（一七八ページ）と比肩できる正確な定義である。なお比例論は『原論』第5巻、無理数論は第10巻にまとめられていて、共に『原論』でも最も高級な部分である。

『原論』第5巻　定義5

量の比　$a:b$ と $c:d$ とが相等しいとは，任意の自然数 λ, μ に対して

$\lambda a>\mu b$ ならば $\lambda c>\mu d$,

$\lambda a=\mu b$ ならば $\lambda c=\mu d$,

$\lambda a<\mu b$ ならば $\lambda c<\mu d$

となるときをいう．

比例論を建設したのは、プラトンの仲間であったエウドクソスで、この人の名はV章でももう一度出てくる。一方、無理数論の功労者の一人はプラトンの愛弟子テアイテトスで、対話篇『テアイテトス』には無理数に関するギリシャ最古の記述がある。この本はプラトンがこの愛弟子の戦病死をいたんで、その死後間もない頃に書いたものと見られている。

以上、大分話がごたごたしたが、「学問《マテマタ》」というものの中に、根強く「幾何」が浸透してしまった事情は、これでかなりはっきりしたのではないかと思うが、いかがであろうか。

3　『原論』の起源を求めて

間接証明法と『原論』の形成

　ここで少し話題を変えよう。われわれは前に正方形の一辺と対角線との間に通約量のないことを証明した（六九ページ）。そのときの論法は背理法という間接的論法であった。

　その方法の骨子は、Aという主張をしたいときに、あえてAでないとの仮定を立て、その仮定から矛盾を導いてみせるところにある。話のつじつまが合わなくなると、他に心当りがない限り、非Aの仮定に矛盾の責任がかかってきて、非Aの仮定は引込める。従って間接にAの主張が通るという次第である。

　こういう論法は揚げ足とりとか、ひっかけ論法とかと思われるせいか、一般にはあまり好まれない。しかし実際上これほど頼りになる論法も少なくて、どんな権威に屈しない論客であっても、筋の通った議論に耳を傾けるほどの人である限り、必ずこれには従わざるをえない。例えばといってよいかどうかは解らないが、エラリー・クイーンの推理小説『Yの悲劇』に証人のいないも同然の所に残された二つの犯跡を、実は二人でなくて一人の犯行だと証明するくだりがある。これがまさしく背理法で、しかも彼はそれを〝数学的〟に証明したといっている。数学と背理法とはそれほど縁の深いものなのであろうか。

数年前、この縁の深さを裏書きするように、サボー（A. Szabó）というハンガリーの数学史家が、間接証明法の誕生こそ論証的数学の起源であるという見方を提唱し、その上に極めて興味ある『原論』の形成史を展開したことがあった。これはまだ学界の定説ではないかもしれないが、ぜひ一言触れておきたいような卓抜な説なので、この節ではこれを紹介する（注　A. Szabó: Anfange des eukldischen Axiomensystems, *Archives for History of Exact Seiences*, vol. 1, 1960）。

元来『原論』のもろもろの定理は、絶対的な真理である公理から出発し、いわば天降りなその真理性の権威に支えられて、次から次へと証明されたものと見られていた。もちろんこれが論証の進め方ではあるが、『原論』をまとめる仕事自身も多分にその方向で考えられていたようである。

サボー説はこれに対して、ことはそれ程簡単ではあるまいとする。諸定理の整理作業は、いわば右記のような、公理のもつ天降りな権威によってではなく、有無をいわさぬ論理の力によって、特に種々の知識相互の間の矛盾撞着の有る無しによって、行なわれたのであって、この作業の間に一方では定理が、他方ではいわゆる公理が、それぞれ整理され記録されていったのであろうというのである。ここで〝公理〟というのは、もちろん天降り的な真理ではなく、討論のための共通の諒解事項のことと見るべきである（六二ページ）。

さて、こうしていくつもの小さい知識体系が生まれ、それらが互いに吟味され、整理統合され、遂に一つの大きな体系の中に吸収された結果こそ、われわれの『原論』に他ならないというのが『原論』形成に関するサボー説である。これにはもちろん多くの史料、考証の支えがあって、議論は決して荒唐無稽ではない。むしろそういえば、『原論』には以前から小さい部分的体系の名残りが認められていたし、それらの小体系の間では、時として整理不十分の箇所もなくはないといわれていたことでもあった。

プラトン革命からエレア革命へ

サボー説では、背理法がはじめて自覚的に用いられるのはエレア学派からであろうといわれる。エレア学派というのは紀元前五世紀の頃、南イタリアのエレアに起こった学派で、学派の開祖はパルメニデス（Parmenides）であるが、普通によく知られているのはその愛弟子のゼノン（Zenon）であろう。

ゼノンというと、アキレス（ギリシャ神話に出てくる足の速い人）は亀に追いつけないとか、飛ぶ矢は不動であるなどという、いわゆるゼノンの四つの逆理を思い起こす人も多いかもしれない。これについてはV章でまた触れるはずであるが、この逆理なども、自分の論敵をやりこめる背理法であっただろうといわれている。例えば相手が〝運動〟を学問の対象として捉えようとしており、自分はそれを避けようとしている。このようなとき、相手の立場から矛盾を導いてみれば、自分の主張は通るわけであろう。

問題は論争の相手が誰で、その目的が何であったかなどの点であるが、サボー説はその論争の相手をいわゆるピタゴラス派の〝数学〟者たちと考え、論争の目的かどうかはともかく、少なくともその結果として、論証的数学体系が生まれてきたということを主張する。そして当時の論争のかすかな残響を、『原論』の定義や公理の中に捉えようとするのである。

エレア派が有（存在）の哲学を説いて、無からの生成の哲学に対抗し、流転・運動よりは恒常・不動を選び、変化する多よりは不変の一なるものを選んだらしいことは、今日まず一般に認められている。そこで〝多と一〟の問題を『原論』第7〜9巻の数論（六七ページ）と対比し、また、幾何学的図形が〝運動〟によって〝生成〟されるという考えを、『原論』の幾何学と比べ合せてみると、『原論』におけるその辺りの定義や公理が、当時論争の中から生まれてきたとする考えも、かなり形をなしてくるのではないか。

もちろんこのような新しい意見には、従来の学界の定説と衝突するところが少なくない。しかしここで忘れてならないのは、たびたび述べる古代ギリシャ史の決定的な史料不足であり、従ってまた定説必ずしも十分の根拠ありといいがたい点である。

例えば、ピタゴラス学派なるものが紀元前六世紀頃のギリシャに実在し、これがプラトンの時代までの間、ギリシャ〝数学〟を推進したということについてすら、確実な証拠はそれほどない（三一ページ）。そこである慎重な学者などは「いわゆるピタゴラス学派」と、以前から必ず〝いわゆる〟付きで呼んでいたほどなのである。

前にも述べた通り、ギリシャにおける学問の歴史は、点々と散在する伝承的史料を推測まじりにつないだという一面のあるものだから、学問推進の主体が却ってエレア学派にあったということも、決してありえぬことではあるまい。ピタゴラス学派やプラトン学派はずっと後のギリシャ

Ａは静止，Ｂは右へ，Ｃは左へ同じ速さで動く（上図），ある時間の後でA, B, Cは下図の位置を占める．この時，Ｂの原子はＡの３個の“原子”とすれ違い，同時にＣの６個の“原子”とすれ違う．すれ違いの時間は，すれ違う原子の個数と対応するから（または―対応するとすれば―），(BA)のすれ違い時間は(BC)のすれ違い時間の半分である．

ゼノンの第四の逆理

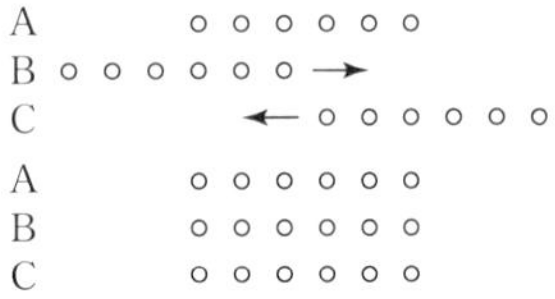

fig. 6

しかし，その２つのすれ違いは同時に起こっているのだから，ある時間はその半分と等しい．

末期に、新ピタゴラス学派や新プラトン学派という形で復活しただけに、ギリシャ的学問の伝統の一切合財がそれらの学派の中に投げ込まれたようなことも、十分ありうることであろう。

何れにせよ、サボー説ではエレア学派の役割を高く評価し、プラトン学派にしてもエレア学派の直接の後継者であると見ている。そういわれれば、それだけの文献学的根拠もあるようなのである。先に触れたツォイテンのプラトン革命説にならっていうならば、これはサボーのエレア革命説ということができよう。

初めには混沌があった

サボー説にはこの先まだいくつかの重大なことがあるのであるが、ここでは最後に、『原論』の公理とゼノンの逆理とのつながりに関する興味深い一つの推測を紹介するに止めておこう。

上に掲げたのは〝競技場〟とか〝すれ違い〟とかと呼ばれるゼノンの第四逆理であって、ある時間とその半分とは等しいという奇怪な結論が導かれている。しかし、もしこれが単なる言

(4) 相等しくないものに相等しいものを加えれば，その全体は相等しくない．
(5) 同じものの2倍である2つのものは，互いに相等しい．
(6) 同じものの半分である2つのものは，互いに相等しい．
(7) 互いに重なりあう2つのものは，互いに相等しい．

葉の遊戯でなく、例えば〝運動〟によって幾何学を基礎づけようとしていた当時のある〝数学者〟への批判であったとしたらどうであろうか。しかもその批判をする者が、論理以外には、どんな権威にも感覚的事実にも、決して屈しない論客だったとしたら、である。

サボー説ではここで、われわれがこの章の途中で述べたような討論法の手続き（六二ページ）を考える。しかもこの場合、その二人の間に共通の真理はちょっと見つかりそうにないから、せめてその代わりに一種の暫定協定が打建てられて、その仮定の上に条件付き推論が進められたものと考える。そうでもしないことには、〝運動〟も空虚（無）な空間も考えられないと唱えていたエレア学派からの批判に〝数学〟者が答えるすべはなかっただろうと見るのである。

このようにいわれてみると、『原論』の第1巻の公理4〜7は、上に見る通りちょうどこの第四逆理への〝暫定協定〟らしい様子をしているではないか。しかも〝公準《アイテマ》〟とか〝公理《アキシオマ》〟とかという言葉自身、当時の用例などからすると、決して〝自明の真理〟などという意味ではなく、かえって「どうか……を認めてほしい」というような日常的な意味だったということなのである。（注 〝アイテマ〟には今でもその意味がある。一方公準の意味の〝コイナイ・エンノイアイ〟という別の言葉は、ずっと後代のプロクロス時代のもので目下の議論の種にはなりえない。）

この説は、公理とは万人の認める自明の真理なりとした従来の定説と余りにも喰いちがってい て、にわかに信用はできないかもしれない。しかしその定説の起源を探ねてみると、ゆきつく先はこの章の初めに触れた五世紀の注釈家プロクロスであり、ひいてはそこに影響したと見られるアリストテレスの論証理論である。

アリストテレスはいうまでもなく、プラトンと並んで西欧思想史の潮流を二分する大立物であり、論理学の父と呼ばれるほどの人であるが、サボー説ではこの人の説は必ずしも信用されない。前記の〝公準《アイテマ》〟その他、当時の学術用語の使用実例と、アリストテレスの論証理論とはかなり喰い違っていて、少なくともその理論を『原論』形成史の真相をついたものとは思えないとして、「アリストテレスは創意ある学者ではあったが、忠実な歴史家ではなかった」というのである。大胆な意見ではあるけれども、決して粗雑でない点は感心させられる。

この他〝定義《ホロイ》〟〝公準《アイテマ》〟〝公理《アキシオマ》〟の意味の違いについても、おもしろい見方が提唱されている。それによれば、前節であげたオイノピデスをはじめ当時の多くの学者がさまざまな機会に提出した数学の原理が、あるものは〝ホロイ〟といわれ、あるものは〝アイテマ〟と呼ばれ、その他いろいろな呼び名をもらったのであるが、長い年月の間におのずからある性格が与えられ、それなりの解釈に整理されて、かえってその用例からもとの言葉の意味が規定されたような面もあったのであろうという。これもおもしろい意見である。『原論』第7〜9巻が〝ホロイ（定義）〟だけから始められていたのも、その意味では決して異常なことではないと見られるであろう。（六七

ページ）

サボー説はこのように革命的で、これによれば、『原論』の形成史は従来考えられていたより遥かに古く、また遥かに混沌の度を加えてくる。そしてこの混沌の扇の要のあたりに、エレアのゼノンの姿が、その背理法と共にほの見えているのもおもしろい。

ゼノンの逆理の真意を理解することは、ほとんど絶望的に困難なことかもしれない（注　吉田洋一『零の発見』第2話の終わり、及び安倍能成編『一青年科学者の手記』九四ページ）。しかし話を歴史に限ったこのサボー説に関する限り何となく的が射ぬかれたという感じをもつのは、果たして筆者一人の感想なのであろうか。白状すると、筆者は初めからこのサボー氏の説を頭において、この章を組み立ててきたのであった。

4　ふたたび論証の精神について

パスカルの「幾何学的精神」

この章を終わる前に、十七世紀のパスカルの論考「幾何学的精神」によって、彼の〝説得術〟のことを述べておこう。この本はユークリッドの『原論』に盛られた論証の論理を近代的に整理したもので、しかも今日の公理主義の精神に極めて近いものをもっている。
その内容は、次の８つの規則からなる。

(1) 定義に関する規則
(a) それよりはっきりした用語がない位明白なものは、これを定義しようとしないこと。
(b) いくぶんでも不明または曖昧なところのある用語は、必ず定義を与えること。
(c) 用語を定義するときは、完全に解る言葉か、説明ずみの言葉だけを用いること。

(2) 公理に関する規則
(a) 必要な原理は、いかに明白に見えようと、それが承認されるか否かを必ず、しかも一つ残さず吟味すること。
(b) それ自体で全く明白なことがらだけを公理として要請すること。

(3) 論証に関する規則
(a) それを証明しようとして、もっと明白なものを探してみても無駄なほど、それ自体で明白なことがらは、これを論証しようとはしないこと。
(b) 少しでも不明なところのある主張は、ことごとく証明すること。そしてその証明に当っては、極めて明白な公理、または承認ずみの主張、または証明ずみの主張だけを用いること。
(c) 定義（で規定）された用語の曖昧さのためにまちがうことのないように、心の中ではいつも、定義された用語の代わりに、定義そのものをおきかえて考えること。

これは論証なるものの本質を極めて明快に捉えているが、特に強調すべき独特の点は、〝定義〟を〝公理〟と対等に取り扱っている点であろう。すなわち(3)―(a)の「論証しないでおくことがら」に呼応して、(1)―(a)の「定義しないでおく言葉」をおいたことは、論証における〝定義〟の役割と性格を見出したものとして、古代ギリシャにない独特の考えを示したものであって、これは今日の公理主義の思想にも十分近いものをもっている。

なお(3)―(c)のいっていることは、例えば「円」という用語に対して、漠然と丸い形を思い浮べるのでなく、「一定点から等距離にある曲線でかこまれた図形」という定義を字づらの通り考えよということで、字づら通りという点をもう一段と強調すると、実は現代的な公理論にさらに近づくのである。

現代的公理主義へのリマーク

新しい公理主義はこのように〝基本的術語〟も〝公理〟も唯一絶対のものとは見ず、多分に解釈の余地を残している。大切なのはむしろ公理なり定義なりを〝文面通り〟虚心に読むことで、パスカルの前記(3)―(c)はこれを示していると思えなくもない。

こうすることによって、公理体系に対する各々の解釈はとりも直さず、その公理系個々のモデルとなり、一方、公理系自身は、それらのモデルに共通なある論理的骨組――構造――を示してくれる。現代的な公理主義の大きい特色がここにある。名を捨てて実をとるという言葉があるが、これは定義や公理の〝本当の意味〟というような実を捨てて、かえって公理的考え方の役割を重くするという別の実をとったわけである。

現代の公理主義はこのように解釈を他にゆだねた、いわば〝無内容な体系〟で、ある一つの公理系が「正しいか否か」の判定には、公理から得られる個々の具体的内容の正否よりも、それらの結果同士が互いに文面の上で矛盾し合うことがないかどうかの方が問題である。要するに前でしばしば触れた話のつじつまがどこまでも合うか否かの問題になるのである。これを公理系の無矛盾性の問題——その公理系からは決して自己撞着は起こらないという性質——といい、特に自然数論の無矛盾性などについては、一応の保証が得られている。その他、無矛盾牲の保証を試みることの問題は実数論をはじめいろいろな方面に拡がってゆくが、なかなかむずかしいことが多く、むしろそれらの問題がきっかけとなって、公理的理論体系の構造全般について、大規模な研究が進行中である。それは数学基礎論と呼ばれる新しい数学分野で、特にこの二、三十年間の進歩の速さを見ていると、数学の進歩というものにある種の暗示をさえ受ける感がある。前節で述べた『原論』の形成期や、後章で述べる十七世紀、第Ⅱ部で触れられる二十世紀など、数学の本質的な進歩はどうも十年からせいぜい数十年の間に爆発的に行なわれるようなものなのではあるまいか。そうだとすると、われわれは、実に遇《あ》いがたい進歩の時代に生きているという思いである。

Ⅲ章 零が使われるまで——記数法について

1 インドの〝数学的知識〟

インドの〝数学〟の作ったもの

インドはエジプト・メソポタミア・中国と共に、世界の四大古代文明の一つであるが、中国と違って歴史書が少なく、エジプト・メソポタミアと違って古代文字の解読も進まず、世界古代史における巨大な空白地帯である。そのくせ、他の三つの文化園との文化的交渉が古くからあったことは知られているため、例えばあることがらの発見の先後を論ずるような場合、インドはかなり損をしているかもしれない。すなわちインドが他に与えた影響を、あべこべにインドが受けたものと見なされている場合もあることであろう。

それにもかかわらず、宗教、哲学、医学などの方面でインド人の創造力は確かに認められる。それでは〝数学〟についてはどうであろうか。

I章でも述べたことであるが、インドの〝数学〟というとき、今日の数学の原型のような一つの学問を頭に描いて、それが古い時代のインドにあったと考えてはなるまい。それはむしろ、今日のわれわれの数学的知識の体系を思い切ってばらばらな断片に戻した個々の知識の方の原型である。

以上を承知の上でいうと、インドの〝数学〟は大体において天文・暦法の書物の中に散在している。しかしそれにしても、例えばこれこれの面積公式が、元来インドで発見されて他国に伝わったのか、他国からインドへ伝わったのか、それともあちこちで独立に発見されたのかというような問題は、より重要な問題の一環として扱われるのでない限り筆者には興味がない。ここで〝より重要な問題〟というのは、例えばI章で扱った数学という一個の学問分野の形成の問題などであるが、この方面に関する限り、インドが論証的な数学を創造してこれをギリシャに伝えたという可能性は、まず考えられないといってもよいであろう。これに反して後で詳しく述べる位取り記数法の創造、いわゆる零の発見はインドの独創であるらしい。なるほどこれについても、メソポタミアにあった位取り六十進法のインドへの影響が考えられないわけではない。しかし現在までのところ、零の発見を含む十進記数法の体系はインド人の独創であって、彼らはこれによって数学に対して最も本質的な寄与をなしとげたと信じられているのである。

インドに論証的数学は生まれたか

今も触れた通り、インドの〝数学〟は大体において天文・暦法の書物の中にある。ところでⅡ章でさんざん述べた通り、ギリシャで〝数学〟といえばすぐ〝論理〟とくるのであるが、これに相当することはインドにあったのであろうか。

実はインドにも古くから独特の論理学があった。それは因明《いんみょう》と呼ばれて確かに中国より進んでいたのであるが、ギリシャとの関連交渉が問題である。両者の間には類似点もいろいろあるけれども、論理とは本来、万人共通のものだともいえるわけで、交渉の有無について本当のところはよく解っていないということである。ただここで非常におもしろいのは、インドでは論理が〝数学〟とさほど深い関係を結んでいなかったらしいという事情であろう。

元来、因明の目的は、宗教上の祭祀や教義に関していろいろな書物の間にある矛盾を正すようなことであったといわれており、しかも論理学的知識を伝えるインド最古の文献（『チャラカ本集』）にしても、医学の書であって天文暦法などの書ではない。そればかりでなく、インドの医学は仏教の庇護の下に東方のガンジス河沿岸で発達したのに対し、暦学の中心は西方のウジャイニというところにあったというのであるが、この地はバラモン教の聖地として仏教の勢力は及んでいなかったらしい（三上義夫『東西数学史』共立社）。こう見てくると、インドの〝数学〟と論理とは、ギリシャにおけるほどの深いつながりをもっていなかったのではないか、という疑いももたれるのである。

今日では数学といえば論理のうらづけをもった知識体系を連想するのがむしろ常識であり、われわれが〝数学〟の歴史を見るときにも、この眼はこの常識の眼鏡をかけているに違いない。しかしその常識は必ずしも古代インドでは通用しなかったかもしれないのは右の通りであって、むしろ今日のその常識自身、Ⅰ、Ⅱ章以来述べてきたギリシャ以来の〝数学〟の伝統があってはじめて育った知恵だ、といいたいのである。

インドの〝数学〟者たち

古い時代のインドの〝数学〟者といっても、そもそも〝数学〟という独立した学問分野が確立していないらしいのだから、結局のところ、現存する天文・暦法の書の著者として知られるいくらかの人と見るべきであろう。個人名の伝わる最古の人は五世紀のアリヤバタ（Aryabhāta）、ついで七世紀のブラーマグプタ（Brahmāgupta）、そして最後の人は十二世紀のバースカラ（Bhāskara）などである。

アリヤバタからバースカラに到る多くの学者は、面積・体積などの計算、円に関する諸計算のようないわゆる〝幾何〟的な問題から、一次不定方程式などの〝代数〟的問題に到るまで、いろいろな問題をとり上げているが、大体において同じようなことの繰返しが多く、時代的発展に乏しいといわれる。

最も基本的なのはブラーマグプタの書物で、問題によってはこの人の書物で正しく取り扱われていたのに、後代になると混乱して何のことやら解らなくなったものさえあるという。しかもそのブラーマグプタの書物自身、決して論理的に整理されているわけではなく、解説も例題もない極度に簡潔なものだということである。

もともとインドでは、仏教にせよバラモン教にせよ、経典を記録によって伝えるという以上に、暗誦によってこれを口づたえに伝える方が多かったということである。(注　三上義夫『東西数学史』参照。)してみると、暦法天文の書物についても、詩歌の形で口調よく述べることの方が、論理的に正確な表現をするよりも大切であったのではあるまいか。またこれは次の章で述べるアラビア以降の文章的代数の起こりとも無縁ではないかもしれない——筆者はこのように考えているが、今のところこれらは単なる推測に止まる。

そういえばI章で引用したファン・デル・ヴェルデンのギリシャ数学衰亡に関する意見にも、ギリシャ数学の本質的な考えの伝承が口頭で行なわれていたという事情を頭において、その影響について考慮しているところがあったが(三五ページ)、それとこれとは違うというものの、なおある種の共通点があるようでおもしろい。正直なところをいうと、今日でも、よい先生によって手ずから口ずから学ぶことが、何といっても数学を学ぶ方法の本筋であり、その辺の道理は今も昔もあまり変わっていないといえるかもしれない。

今日、専門の数学書を開くと記号の列がならんでいる。知らない人にはそれは暗号の本のように見えるかもしれない。しかし、数学者といえども一から十まで記号だけでものを考えるのではない。むしろ生き動いているアイディアがそれらの記号のうしろで働いているはずであって、そのようなものの手ずから口ずからの伝承が絶えた場合には、今日の数学書の意味の再現もまた極めてむずかしいであろう。

2　位取り記数法

位取り記数法と零の記号

インド式の記数法というのは、われわれが日常用いている記数法のことで、例えば本書の発行の年を1966と書くのはこれである。同じ数でも日本式の記数法や、今でも時おり目に触れるローマ数字では上のように表わされる。

インドの記数法：1966
　(すなわち，$1\times10^3+9\times10^2+6\times10+6\times1$)
日本式記数法：一千九百六十六
　(実は左からの横書きは少々まずい)
ローマ式記数法：MDCCCCLXVI
　または，MCMLXVI
　(説明はすぐあとでする)

インド式記数法の特長は、それが〝位取り記数法〟になっていることである。上の表からも解るように、それぞれの〝数字〟はその書かれた位置すなわち桁によって、その桁に特有の〝数〟を表わしている。上の例では1966の最後の数字6はもちろん数6を表わすけれども、その前の数字6は数60を表わしている。結局これは数をそろばんで表わしたのと同じ形であり、してみるとコマを動かさなかった桁を表わす記号、すなわち〝0〟の用意がいるわけである。その代わり、1から9までの記号に加えてこの記号0をさえ導入しておくと、どんな大きい数でも自由に表わすことができるし、さらに、歴史的にはずっと後代のことであるが、小数という考えを導入することによって、絶対値のどんなに小さい数でも、（どんどん近似度を高めて）表わすことができるという利点がある。

この記数法と比べると、右の日本式記数法にせよ、ローマ式記数法にせよ、原則として桁ごとに新しい記号が必要である。実際、日本式では一、十、百、千、万、ときて、十万、百万、千万はやや例外であるが、億、少しおいて兆とつづいてゆく。割、分、……と下へもゆく。ローマ式では左の表のようになっていて、数を表わすには右の例のように大きい単位から順に書き並べてゆけばよい。（ただし右の例の第二の書き方では、大きい単位（M）の左に小さい単位（C）を書きならべて（CM）、両者の差である九百を表わす、という規約が用いられている。）これらを仮に〝桁記号記数法〟と呼べば、エジプトの記数法もギリシャの記数法もその仲間に入る。古代史の中で位取り記数法を用いていた民族といえば、インドの他には、やや不完全ながらメソポタミアの六十進法と、完全ながら恐らく旧大陸とは没交渉だったであろうアメリカ大陸のマヤ族の二十進法とがあるばかりである。

ここで注意しておきたいのは、位取り記数法を十進法で行なうのは便宜上の問題だということである。十というのは、恐らく人間がもと十本の指で〝指おり数え〟た名残りなのであろう。右の十進法の説明を少し変えると、何進法による位取り記数法でも作る

I（1），V（5），X（10），L（50）
C（100），D（500），M（1000），……

ことができる。

例えばp進法では記号0を含めてp個の記号を使う。近頃、電子計算機に用いられて急によく知られてきた二進法の場合には、0と1とだけでどんな自然数も、（有限）小数も、表わすことができる（次ページ）。しかも0、1という記号は、電灯のスイッチを切る、入れるということででも置きかえられるから、所要の桁数だけ電灯を並べ、そのあるものを点じ、他を消すことによって、（その桁の範囲で）どんな数でも表わせるのである。点滅のスイッチの動作をうまく工夫しておけば、計算をやらせることもできる。(fig. 7)

数としての零の発見

桁記号記数法が位取り記数法におとる第一の点は、桁が増すごとに新しい桁記号が要ることであろう。けれどもそれだけならば、数がさほど大きくない間は、決定的な差とはいえないかもしれない。本当の差はこの二つの記数法の計算能力を比べる場合に現われるので、位取り記数法は特に乗法と除法の計算に非常な強みを発揮する。もっとも、今日のような形式による乗法、除法の工夫は、ずっとおくれて十五世紀以後のヨーロッパで始められたことなのではあるが、これは印刷術の発明と時を同じくしていて、インド式記数法の使用が本格的になるのも、この時期以後であるという（吉田洋一『零の発見』岩波新書）。

実をいうと、われわれは今日、位取り記数法のうまさに余りにもなれすぎていて、却ってその真価を見失っているのではないかと思われる。早い話が、小学校以来親しんでいる筆算の方法は、いろいろな計算法の中で最も便利なものであるが、これなどもまさしく位取り記数法だからこそできるものであって、ギリシャ人はもとより、今から三百年前後も昔のヨーロッパ人などは、記録にはローマ数字を使い、計算には玉ならべ算盤を使うといった有様で、最後までこの位取り記数法を知らずに過したのである。

今ここで述べた算盤は、もちろん日本式の計算速度の早い便利なそろばんとは別物である。すなわち板の上に数本の平行線を引き、碁石のような石を次ページの図のようにおいて数を表わした後、この石をいろいろと動かして計算するという、極めて原始的な道具であって、ここでは〝算盤《そろばん》〟でなしに〝算盤《さんばん》〟と読みたいようなものである。

さて位取り記数法による計算について特に注意すべきは、数としての0の発見である。というのは位取り記数法を単に数の記録用として使うだけでなく、この記数法によって計算を行なう場合には、われわれが日常やっているように、0をただの記号とは見ず、1+0=1, 1×0=0 な

p 進法で例えば 3102 と書かれた数は,

$3\times p^3+1\times p^2+0\times p^1+2\times 1$ を表わす.

(ただしこの場合，当然 $p>3$ のはず)

二進法による表現	十進法による表現
0	0
1	1
1 0 (実は $1\times 2+0$)	2
1 1 (実は $1\times 2+1$)	3
1 0 0 (実は $1\times 2^2+0\times 2+0$)	4
⋮	⋮

また例えば

1.0 1 $\left(実は\ 1+0\times\frac{1}{2}+1\times\frac{1}{2^2}\right)$ 　1.25

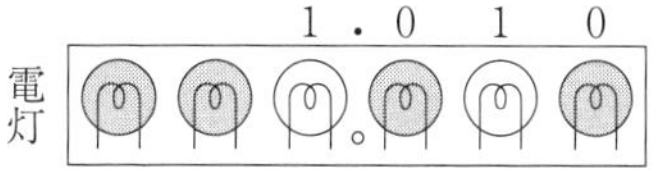

fig. 7

どという計算のできる、新しい一つの〝数〟と認めなくてはならないからである。このような〝数としての零〟を発見したのもインド人であったらしい。ブラーマグプタにはそのような規則がちゃんと書いてあるということである。

前節で述べた二進法の場合でも、計算の原理はかわらない。次ページにその例をあげる。〝九九〟は極めて簡単だが、数の表現が長くなるのが欠点であろうか。

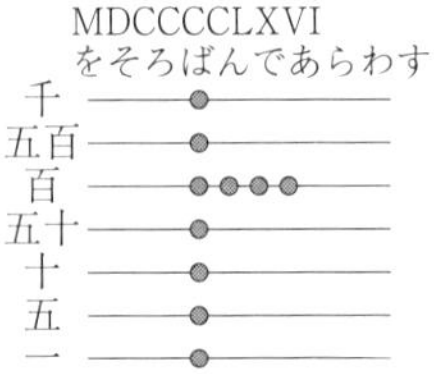

fig. 8

ところでⅡ章で述べたように、ギリシャ人たちは〝数〟を単位の集まりであると定義し、その上に一つの論証的学問体系を形づくっていた。してみると、彼らにとって零という〝数〟はありえぬものだったはずである。けれども今かりに何かの事情によって、ギリシャ人にも零を〝数〟として考えたくなる事情が起こったとしたら、彼らはどうしたであろうか。歴史的事実に対してこのような仮定的問いかけをすることは、本来、無意味かもしれないが、この場合ギリシャ人のとりえたであろう途《みち》は恐らく次の二つしかなかったかと思われる。すなわち断乎として零なる〝数〟を拒否するか、それとも〝数〟の定義を改め、零を含んでより広い〝数〟の世界を論証的に展開するか、このいずれかであったと思われるのである。

ところがインドでは、この零という〝数〟が何となく形式的に導入され、また何となく理解され、そしてそのまま受けつがれていったようである。これはインド的〝数学〟とギリシャ的〝数学〟との一つの根本的な差異であろう。

2進法の加法・乗法

加法：(0+0=0, 1+0=0+1=1)

　　1+1=10

　（「一足す一は十」とは読まないこと.

　「イチ足すイチはイチ・レイ」ならよい.）

乗法：(0×0=1×0=0×1=0)

　　1×1=1

例

```
      1 1 1
   ×    1 1
  ---------
      1 1 1
    1 1 1
  ---------
  1 0 1 0 1
```

（実は $2^2+2+1=7$ に, $2+1=3$ を掛けて, $2^4+2^2+1=21$ という計算）

今日のわれわれの〝数学〟は、右でギリシャ人の第二の途としてあげた拡大の途をとっている。われわれの〝数学〟はこの意味でギリシャ〝数学〟の精神をつぐものといってよいのであるが、同時にこのような拡大の途の可能性を示してくれたというところにも、異質なインド〝数学〟の一つの大きい歴史的意義があると見てよいのではあるまいか。

インド式記数法アラビアに移る

インド式記数法の起源については、いろいろの説があるが、例えば零を仏教の空思想と簡単に結びつけたりするのは、多少手軽すぎて実証性に乏しい。むしろインドの名数法、すなわち桁ごとの数の呼び名が、地方ごとに必ずしも統一されていなかったらしい点に着目して、その混乱を避けるには位取り記数法が便利であり、従ってまた零の発見が必要であったとする説などは、説得力が強いように思われる。

筆算法の起源の方もよくは解らないが、古い碑文によるとずっと古い時代には、中国の算木のようなものの使われていた形跡もあるという。何がきっかけでどうなっていったものか、筆算の起源などおそらく解ることではなさそうではあるが、それだけに興味をそそられぬでもない。インドでの筆算の起こりのよく解らない理由の一つとして、当時は計算をするのに、盤の上に粉をまいてその上に棒切れで字を書くという形で行なわれていた、という事情があったらしい。全く、記録のない国インドらしい話ではある。

ここにおもしろいのは、西紀七一〇年頃の唐の歴史に、インドの暦算では計算が算木でなく文字を書いて行なわれ、またその文字が九個の数字からなり、数字の欠けた処は点を打つように定められているなどの記録があることである。中国の方では算木の発達のためにせっかく伝来した位取り記数法は芽をふかなかったのであるが、はからずもそこで、ある時代のインドの計算法の状況を記録したわけである。

九世紀になると、インド数字がアラビアに移ったことや、零の記号として点でなく0が用いられていたことなどについて、かなり確実な史料が残っているという。それより古く、例えば、紀元前何世紀の頃にさえ、いくつかの数字の原形を示す資料はある由であるが、本当に数字の形の定まるのは、ずっとくだって印刷術発明（十五世紀）以後のことであろう。そして前に述べた通り、事実上もその時代からこの記数法は世の中に広がるのである。

七世紀から十三世紀にかけて、アラビア人がインドからスペインに到るサラセン大帝国を建て、その後東西二つのサラセン帝国に分裂したが、代々の教王《カリフ》が学問芸術の保護奨励につとめたことについてはI章で述べた。もちろんインドの古文献も、ギリシャの古文献とならんでどしどし吸収されていったのである。

インドの記数法は、かなり早い時代からアラビアに入ったものらしい。記録によると、バグダードの都の建設から十年たった七七二年に、インドの天文学者が、恐らくはブラーマグプタの書と思われる暦法の書を献上しており、その中に記数法のこともあったと考えられている。もちろん、そういう公式的なこと以外にもかなり密接な交流があったことであろう。

アラビア人は元来、固有の数字をもっていなかったので、その領土が急速に拡大するにつれて、それに伴う数の記録などは、その地その地の書式に従って処理されたものらしい。エジプトではエジプト式記数法により、シリアその他ではギリシャ式記数法によるというようなことである。それが結局インド式の位取り記数法に統一されてしまったのは、まさしく位取り記数法の優秀性を示す一つの事実であろうと見られている。

インド式記数法は近世への途を拓いたか

サラセン文化の西欧移入に伴って、このインド式記数法ももちろん西欧に移植された。しかしインド式記数法のヨーロッパへの移植は、必ずしも順調に進んだのではない。この間において忘れることのできないのは、ピサのレオナルド（Leonardo Pisano）と呼ばれるイタリア人、レオナルド・フィボナッチ（Fibonacci）である。

彼はイタリアの貿易商の子として生まれ、イスラム教の学校をふりだしに、北アフリカやヨーロッパの各地に学んで、多くの記数法計算法を見聞したが、その後ピサに帰って一二〇二年に『算盤の書《リベル・アバチ》』という本を書き、インド式記数法をはじめてヨーロッパに紹介した。これは内容・

形式ともに独創的な本で、後世に対する影響は大きいのであるが、初めのうちは時代を超えすぎていて、あまり広くは読まれなかった。もちろん当時の大学で用いられるような本でもなく、レオナルド自身、一生ピサ大学とも無縁のまま過したということである。

そのうちにインド式記数法は着実に市民階級の間に拡がってゆき、同時に十六世紀のイタリアにおける代数学（Ⅳ章）の発展にも一役を担うのであるが、たびたびいったように印刷術の発明や、筆算法の確立などは、この拡大の勢いを支えた決定的な要素であった。レオナルドの本の解説書もいろいろ出まわってくる。この勢いに追い打ちをかけるように十六世紀後半には、オランダのステヴィン（S. Stevin）による小数の発明がある。吉田洋一氏はこの間の推移をうらづけるべき紙の生産高の影響に関して興味ある推測を加えておられる。（吉田洋一『零の発見』岩波新書）

記録によると、この記数法が通貨に用いられたのはスイスが最初で一四二四年、暦にはじめて使われたのが一五一八年であるという。また筆算の普及と共に当時用いられていた例の不便な算《さん》盤《ばん》（九二ページ）が姿を消してゆくのであるが、その時期はスペインやイタリアでは十五世紀、フランスではもう少し遅れ、イギリスやドイツでは十七世紀半ばであったといわれている。十七世紀半ばといえばすでにニュートン、ライプニッツの時代である。時代の先端と後尾との差はずいぶん大きいものだという感じがする。もっとも、この時代に限ったことではないが。

科学史家の中には、インド式記数法のヨーロッパ移入がなかったとしたら、中世の暗黒時代はもっと長く続いて、近世以後の科学文明は到底ありえなかったであろうと論ずる人もある。そこまでいうのは少し極端かもしれないが、あえて電子計算機時代の今日のことはいわぬとして、例えば十九世紀の科学者や技術者が、例の算盤《さんばん》の上に碁石を並べて延々たる計算をしていると想像するならば、「インド式記数法なしに近代科学文明なし」などといいたい気持が、いくらか理解できそうにも思えるのである。対数のことはこの本で触れる機会はないのであるが、近世の数理的自然科学の勃興の背後には、十七世紀当時において、極めて高速、簡便な計算法であった対数の発見があり、そのまた根底には、その発見を可能にしたインド記数法があったといっても、これは別段、風が吹いて桶屋がもうかるというたぐいの議論とはいわれまい。

　さらにI章でも述べたように、市民階級が推進したこの新しい形の〝数学〟の中には、やがて保守的な四科《クワドリヴィウム》、三科《トリヴィウム》の脱皮をうながして、相共により新しい近世的〝数学〟に飛躍した原動力が潜んでいたとも考えられよう。このことまでを含めていうとすれば、インド式記数法の伝来なしに近世数学の誕生ありえずとする意見にしても、決して誇張とばかりはいえないかもしれない。

Ⅳ章

不可能の証明——記号の方法について

1　三つの不可能問題

不可能にもいろいろの意味がある

明治・大正・昭和の三代に活躍した文学者幸田露伴には、文明批評家ないし思想家の面影があった。例えば明治四十四（一九一一）年の『番茶会談』などは青少年向きの読物であるのに、文明の歩みに関する見透しの適確さや幅広さには今読んでもうたれるのである。その中に「電力の無線輸送」の可能性という話が出てくるが、夢はありながら決して荒唐無稽ではない。

併し新らしい企画《くはだて》を敢てして、そして其《そ》の企《くはだて》の全く出来ないものであるといふことを確知し得たらば、其の功は之を成し得たのと余り大差は無いのです。……無線電力輸送の如きも、出来るとなれば固《もと》より大幸《たいこう》なり、出来ないと定《き》まつても其の出来ないといふことを確《たし》めれば、之を確めた功は決して少くないのです。（十五）

われわれはある問題がちょっと解けそうにない位のときにも、「これは不可能だ」と簡単にいってしまうことがある。しかし〝不可能〟というのは、本当は、誰もできないという強い意味の言葉のはずで、その中には未来永遠にわたって原理上どうしてもできない場合も含まれていよう。特に数学で不可能問題という場合には、露伴氏の説ではないけれども、そのことの不可能であることが証明されているとか、ないしはそのような証明が問題になっているというのが普通である。露伴氏は不可能を立証することのもつ意味を次のように説明している。

新しい企の全く成らぬものであるといふことを確証し得たのも、亦《また》其のことについては復《ふた》び世人を労せしめぬに至るのであるから、出来た方は、或る物を人界の増加したので、出来ない方は或る消費を人界から削除し尽したので、プラスとマイナスとの差は有るが、その価値は殆ど同じやうな理窟です。（同前）

これで解るように、不可能の証明というものの意義は一般に決して小さくはない。特に数学ではその上になおある重要な意義の加わる場合がある。すなわち、あることが不可能であることを示す証明、いわゆる不可能の証明は、それがむずかしいだけに極めて革新的な証明法の創造を伴うことがあり、時として数学の飛躍的発展に一役かう結果にさえなるのである。われわれはその重要な一例として、次に有名なギリシャ数学の三大問題に始まる一連の話をとり上げようと思う。

ギリシャ数学の三大問題

紀元前五世紀の頃ギリシャで問題となっていた三つの難問があった。その第一は、与えられた円と等しい面積をもつ正方形を作図せよというのいわゆる円積問題、第二は、与えられた立方体の二倍の体積をもつ立方体を作れという立方倍積問題、第三は、与えられた角を三等分せよという角三等分問題で、これらを普通、ギリシャ数学の三大問題と呼んでいる。

立方倍積問題はデロスの問題とも呼ばれる。デロス島はエーゲ海にある全くの小島であるが、歴史的にはかなり古くからひらけたところで、デロス同盟の中心であったこともあり、アポロンの神殿も有名であった。その遺跡は今も残っているが、デロスの問題の起こりはこの神様のお告げということになっている。

昔この地方に疫病がはやったとき、人々はアポロン神にうかがいを立てて病を収める途をたずねたのであるが、それに対して「現在の立方体の祭壇を二倍にすれば、病は収まるであろう」とのお告げがあったという。そこで人々は各辺を二倍してみたが病気はいっこうに収まらない。その理由をプラトンにたずねたら、辺を二倍にしたのでは体積は八倍になって神意にかなわないと答えたとか、或はまた、神の本当の御意向は幾何学を大切にせよということだと答えたとか、いろいろな伝説があるようである。もっとも、この伝説の源はというと、これをアルキメデスの友人エラトステネス（前三世紀）の説として伝えているのが、そのまた数百年後のエウトキオスという次第であって、あまり信用はできかねる。

プラトンをここに持出すのも滑稽な話で、プラトン以前の学者が何人もこの種の問題に手をつけていて、方法を定規とコンパスとに限らぬ場合の作図法などもすでに幾通りか得られていたのである。何かというと〝プラトン〟というのは、日本でいえば〝お大師様〟というようなものであろうか。

円積問題もずいぶん古いものらしい。前問もこれも、ことによるとギリシャ以前からの伝承かもしれないが、ともかく前五世紀のギリシャには、円積問題に関する確実な証拠が残っている。それは当時の喜劇作家アリストファネスの戯曲『鳥』であって、そこに登場する天文学者メトンが「自分は円を真四角にしてごらんに入れる」（注　現行の日本語訳と少し違っているが、いくつかの近代語訳によった）というせりふを口にするのである。この言葉自身は、円いものを四角にするというような滑稽をねらったものであるかもしれないが、ともかく当時の「数学」者がこのようなことを問題にしており、それが一応世間の話題になっていたということだけは、これでおのずから判るであろう。

角三等分問題には以上の二つのようなおもしろい話題はないが、一説によると人々は正9角形の作図法を求めてここに到ったということである。なるほど、円に内接する正3、4、5、6角形は、いずれも定規とコンパスとだけを用いて簡単に作図できるし、角の2等分も簡単なことだから、それを2倍、2倍とするときの正8、10、12角形、正16、20、24角形と描き進むことに、原理的なむずかしさはない。してみると、手近なところで残るのは正7角形と正9角形であるが、特に正9角形は、円に内接する正3角形の各辺に対する中心角120度を三等分することさえできればすむことである。

三大問題を攻めた三つの道

三大問題はギリシャの数学者たちに刺激を与え、種々の研究を生む原動力となった。これに関する主な史料も、例によってパッポスとプロクロスであるが(I、II章)、大づかみにいうと、紀元前五世紀の末から前四世紀の半ばにかけて、三大問題の取り扱いは大いに整理され、三つの種類の解法が区別されるようになっていたものらしい。

第一の方法は作図器具を定規とコンパスとに限るもので、当時はこれを平面的作図または幾何学的作図と呼んだ。第二は円錐曲線を用いることの許される方法、第三はそれら以外の作図器具をも許す方法で、当時は前者を立体的作図、後者を曲線的作図または機械的作図と呼んだ。

円積問題と角三等分問題の取り扱いは、まず機械的作図によって試みられ、この方法の下では完全に解決した。また立方倍積問題も円錐曲線を使う立体的作図の問題に直され、その意味ではこれも解決した。一〇四ページの上にその一例を示す。

なおこれらとは別にアンティフォン（Antiphon）という学者による、いわゆる原子論的解法という試みもあるが、これについてはV章で触れる。

こうして問題が一応解決したところで、定規とコンパスとだけで問題を解くという平面的作図の試みが行なわれたのであろう。しかし多くの人の努力にもかかわらず、この条件の下で問題を解くことはどうしても成功しなかった。それもそのはずで、最後に決定的な結果が得られたのは、ギリシャ時代から約二千年を経た十九世紀のことであり、しかも定規とコンパスとだけによる限りは三つとも作図は不可能という結論だったのである。

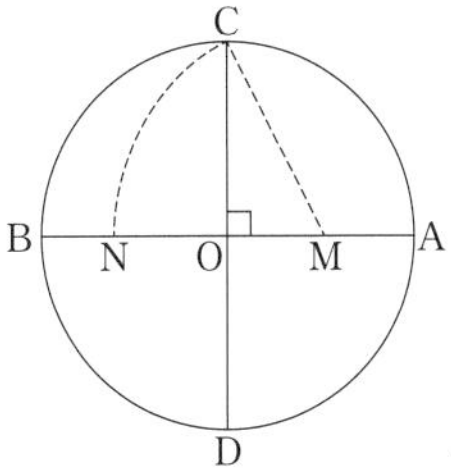

円の内接正５角形の作図

図において AB⊥CD

OM＝MA

CM＝NM

とすると，CN はこの円の内接正５角形の一辺である．

fig. 9

恐らく古代のギリシャ人にしても、平面的作図によって三大問題が解けそうにない位のことは、経験的に知っていたかもしれない。けれども彼らにはこれが「不可能である」ということの証明まではできなかった。経験上の不可能が実は原理上の不可能であるということが正確に断定されるまでに、空しくも二千年の年月が流れたのである。

もっとも、考えてみれば、不可能の証明ということはさほど簡単にできることではない。甲の方針や、乙の方針で問題が解けなくても丙なり丁なりの方針でそれが解けることは十分ありうることで、いくらやってもできないから、これは原理上不可能に違いないなどとは、到底いえないことである。

一例として円積曲線《クワドラトリックス》をあげる．正方形ABCDにおいて，腕木ABがAを中心として一定の速さ（等角速度運動）でADの位置まで四分円を描き，それと同時に横木BCが一定の速さ（等速運動）でADまで平行移動し，両者は同時にADに着くとする．このとき腕木と横木との交点の軌跡Γが円積曲線である．(fig. 10)

∠EADをΓによって3等分することを試みる．腕木がEからDへ動く間に，横木はΓ上のFの位置からHの位置にまで動く．共に運動は一様だから，横木がFHのHから⅓の点F′に来たときは，腕木も弧EDの⅓の処まで来ているはずで，それはまたF′を通る横木とΓとの交点Lを通るに違いない．すなわち∠NAD＝⅓・∠EAD.

Γは円積問題を解くのにも使われる．

Γを用いる作図は“機械的作図”の一例である．

一つの方法として「定規とコンパスだけで作図できる図形は、必ずこれこれの性質をもつ」ということを確める手がある。もちろんそのような性質Pを見出すことが問題であるが、それさえできたら、前の主張の対偶をとって、「性質Pをもたぬ図形は、定規とコンパスとだけでは作図できない」がなりたつ。そこで例えば角三等分問題の作図がその性質Pをもたないことさえ証明すれば、角の三等分が定規とコンパスとではできないことも証明されたことになるわけである（注 命題「AならばB」に対して、命題「BでないならばAでない」を、前者の対偶という。一つの命題とその対偶とは、共に正しいか、共にまちがいか、そのどちらかである）。

残念ながらギリシャの幾何学には「定規とコンパスだけで作図できる、またはできない」ということを表現する力がなかった。定規とコンパスで作図できる個々の図形は取り扱えても、定規とコンパスとで作図できる図形全般についての一般的議論にまでは、力が及ばなかったのである。彼らは与えられた問題を前にして、定規とコンパスとでいろいろと作図の工夫をし、できればそれでよし、どうしてもうまくゆかな

立方倍積問題は $x^3=2$ を解くことに他ならないが，この問題は（今の記号で書いて）

$$1:x=x:y=y:2$$

となる 2 つの“比例中項” x, y を求めうれば解決する．実際，この式は $x^2=y, y^2=2x$ の 2 式となって，これから $x^3=2$ が得られるのであるが，今日の言葉でいえば，途中の 2 式は放物線で，答はその 2 つの放物線の交点となる．

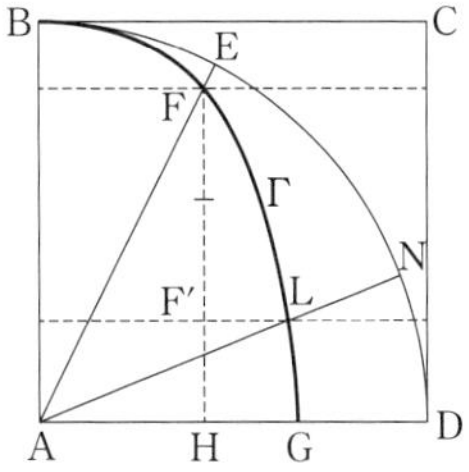

fig. 10

ければ、経験的知識として、どうも不可能のようだというあたりで終わっていたのであろうか。いずれにせよ個々の図形でなく、ある種の図形一般についてその通性を調べるという一般論の考え方は、近世以後のものであり、そこに到るまでには代数学の長い歴史が横たわっている。

定規とコンパスによる作図は二次方程式の問題に直される

近世以後の数学において、右で述べた一般論的考え方を提供したものは記号代数学である。本章ではこのあと記号代数学の歴史について顧みようと思うのであるが、その前に、記号というものの力を示す意味もあって、まず三大問題の話に一応のけりをつけておこうと思う。言葉を簡潔にするため、この節の間は記号その他は現代式に直してしまう。

目下の問題について記号代数がもつ役割としては、幾何学的図形の諸問題を、方程式の言葉で表現しうるようになったことが大切である。それではそもそも、初めにいくつかの点を与え、それから出発して、定規とコンパスとだけで作図できる図形というものは、方程式の面から見て、どんな性質をもつのであろうか。

よく知られているように、与えられた2点を通る直線の方程式はx、yの一次式、中心と半径の与えられた円の方程式はx、yの二次式で、その係数は、与えられた点の座標などによって定まる。そこである作図でできた交点を、次の作図の出発点に使うというふうに作図を続けることは、結局一次または二次の方程式を次から次に解いてゆくことに過ぎない。厄介といえば、前の方程式の根によって次の方程式の係数が定まるという位のことで、それ以上の本質的難点はないのである。

2点(p_1, q_1), (p_2, q_2)を通る直線の方程式：

$$y-q_1=\frac{q_2-q_1}{p_2-p_1}(x-p_1)$$

中心(p, q), 半径rの円の方程式：

$$(x-p)^2+(y-q)^2=r^2.$$

そこで思い切って簡単にいってしまうと、定規とコンパスとだけで作図できる図形は、方程式

$$ax^2+bx+c=0$$

の根を求める問題に翻訳されてしまうといってもよいであろう。

他方、逆の問題として、x、yに関するどんな一次または二次の方程式が与えられても、その根を求める作図が、定規とコンパスとで必ずできることも確かめられる。

そこで以上の二つの事実を併せれば、定規とコンパスとによって作図可能という性質は、二次方程式をくり返し解くという一般的な形に表現されたわけである。これは前節で述べた性質Pの一つに他ならない。

幾何学に対する代数学のこのような役割を、はじめて指摘したのはデカルトである。その著

『幾何学』には、

「一平面上の直線と円とだけで解ける作図題は、それに対する方程式を作って整理すると、$z^2=az+b^2$, または $y^2=-ay+b^2$ のような形になる」

という事実が記されており、この事実はしばしば〝デカルトの定理〟と呼ばれる。ここで係数が a、b などの記号で表わされている点が大切である。すなわちこれによってはじめて、個々特定の二次方程式でなく、二次方程式一般というものが取り扱いうるようになったのだからである。

三大問題は定規とコンパスだけでは解けない

この考え方からすれば、立方倍積問題は、与えられた立方体の辺の長さを1、求むる立方体の辺の長さを x とおいて、方程式

$$x^3=2$$

を解くことに帰着する。もしこれが二次方程式の問題に引きもどしえないと解ったとして、さらにこれが定規とコンパスとで作図できると仮定すると、それは明らかに上のデカルトの定理と矛盾する。

問題は $x^3-2=0$ が二次方程式に直せるかどうかである。ちょっと考えると、これは

$$(x-\sqrt[3]{2})(x^2+\sqrt[3]{2}\,x+(\sqrt[3]{2})^2)=0$$

なる因数分解によって、二次方程式と一次方程式とに直せそうに見える。しかし前ページで述べ

たように、今考えている問題では、係数にある種の制限がつくため、その点まで吟味すると、この分解は許されないことが判明する（注　もっと正確な説明は、例えば吉田洋一、赤攝也共著『数学序説』にある。さらに本格的には高木貞治著『代数学講義』など）。

結局この三次方程式は二次方程式の問題には直せないことが確かめられて、立方倍積問題の作図不能性がはっきりするのである。

角の三等分問題は、複素数の知識を借りると、

$$z^3 = e^{i\theta}$$（iは虚数単位）

と表わせるのであるが、この式の内容は省略するとして、三次方程式という点に関する右の考察は、このような複素数の係数の場合にもなりたつことが確かめられる。そこで立方倍積問題と同じく、この問題もまた定規とコンパスとだけでは作図できないことが解る。

以上の二つが最終的に証明されたのは、一八三七年のことである。

円積問題の方はようやく一八八二年に決定的な結果が出た。円周率πは二次方程式どころか、整数を係数とするどんな代数方程式の根にもなりえないことが証明されたからである。

ことのついでに付け加えると〝機械的作図〟に使われる曲線、例えば円積曲線Γ（一〇四ページ）はそれを用いて三大問題の一つをでも作図することができる以上、定規とコンパスとによってこれを描くことはできないはずである。というのは、もし定規とコンパスとで円積曲線Γが描けるものと仮定するならば、その先Γを使って角の三等分はできるわけだから、結局、定規とコンパスとだけで角の三等分が作図できたこととなってしまう。これは先の定理と矛盾するから、

Γが定規とコンパスで描けるという仮定は捨てねばならない。

もっとも、以上述べた作図不能ということは、あくまで絶対的正確性をもつ作図ができないという話であって、近似的な作図法についてはもちろんいろいろな考察が行なわれている。それらと、この理論的作図問題とは、厳しく区別しなくてはならない。今でもしばしばこれらの問題を解いたと称する人が跡を絶たないのは遺憾なことである。

2 記号代数の歩み

ディオファントスの代数では記号を使う

通説によると古代ギリシャ人は代数学を知らなかったといわれている。しかしⅡ章などでも述べた通り、彼らの知らなかったのは記号を用いる代数であって、われわれの代数に相当する厳密な理論的計算は、幾何学的代数の形で行なわれていたのである。

それればかりでなく、ギリシャ人が全く記号代数を組立てなかったという説も軽々しくは信じられない。実際、ギリシャ末期の人であるディオファントスの『アリトメティカ』には、独特の記号代数が展開されているのである。

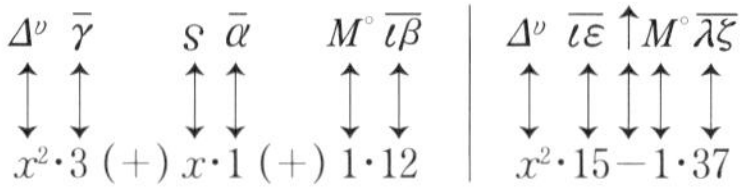

fig. 11

ディオファントスの生涯は、ユークリッドよりなお一層解っていない。紀元三百年頃の人という説が有力であるが、紀元一世紀の人とする説もあり、またその代数にしても、インドに影響を与えたといわれているかと思うと、メソポタミアから影響を受けたとの推定もあるという具合である。しかしともかく『アリトメティカ』十三巻その他の著作があり、『アリトメティカ』のうち六巻は現存している。

『アリトメティカ』における記号の使い方は、後で出てくるアラビアなどよりむしろ現代に近い位で、x、x^2、x^3…などの未知数はς、Δ^ν、k^ν…などと示され、上表のような式も書けていた。ただ、既知数一般を示す、a、bのような文字記号はなく、前節の終わりに用いた$ax^2+bx+c=0$のような一般形の方程式を書き表わすことはできなかった。してみると、二次方程式の一般論、例えば解の一般公式などを記号の形で取り扱うことはできなかったわけである。

もっとも、一般論が全然できなかったというのではなく、例えば解法一般を示すのには、数値例をあげて、それでやり方を認めさせるという方法をとっていた。要するに、数値がその例以外の別の値でも困らないように、解法の説明が与えてあるのであって、一般的解法ということへの意識はともかくも認められる。そして一般論を実例で示すという手法が、実は近世の手前まで続くのである。

さてディオファントスの『アリトメティカ』の内容は、簡単な整数論の問題から始まって、いわゆる不定方程式のずいぶん高級なものにまで及んでいる。不定方程式というのは、左上の例のように一つの式に二つ以上の未知数があるなどの理由から、答がいく通りもありうる方程式であるが、そのままではやさしすぎる場合でも、その代わりに、答を整数に限るなどの条件がついている。それでも一般には唯一通りの答に定まるのでなく、幾組かの答がどれと定まらずに共存しうるものである。

この本は後に十五世紀になってヨーロッパに紹介され、十六～七世紀にかけては、ここで証明なしに述べられたことの再証明、その他多くの問題が発掘された。近代的整数論はこの本の中から生まれたといっても、必ずしも過言ではないのである。

ところでこの書の述べ方は、ユークリッドの『原論』などとは違って、公理的に整然と議論を進めるような形ではない。そこで前世紀のある学者などは、「百題解いても百一題目でどう手をつけてよいか解らぬような、雑然たる問題集」とまで極論したことがあったのだが、最近の研究によるとこの評価はかなり修正を要するようである。I章でも少し触れたことであるが、どうやらこの『アリトメティカ』は、ピタゴラス-プラトン流の〝数論《アリトメティカ》〟とは別個の学問的伝統、恐らくはメソポタミアからギリシャに伝わった計算術《ロギスティカ》の伝統を、それなりに集大成したものであるらしいとのことである。

ギリシャ文献の現在への伝承は、ただでさえ文献の数が限られているのに、学派によっては特に生きのびて多くの写本を残した幸運な学派と、その反対

不定方程式の例

$x^2+y^2=z^2$ の自然数の解を求める．

（解）m, n を自然数とし $m>n$ とする．

$x=m^2-n^2,\ y=2mn,\ z=m^2+n^2$

はその解である．（代入するとすぐわかる

$m=2, n=1$ とすると $x=3, y=4, z=5.$）

の不運な学派とがあるようである。当時の学派の勢力の大小もあるには違いないが、その他の要素もないとはいえまい。われわれは後にデモクリトスを話すときに、もう一度このたぐいのことに出会うであろう。

アラビアの代数は文章で書かれる

代数学をAlgebra《アルジェブラ》と呼ぶことの起こりは、アラビアの数学者アル・フヮーリズミー（al-khwārizmi）の著書の標題によるといわれる。アル・フヮーリズミーというのは〝フヮーリズミーの人〟という意味の通称で、本当の名はもっとずっと長いのであるが、天文・地理の学者であり、例のインド的伝統の下での「数学」者の一人だったのであろう。

　この人の名を不朽にした著書の名もずいぶん長く、『キターブ・アル・ムフタサル・フィ・ヒサーブ・アル・ジャブル・ワ・ル・ムカーバラ（移項《ジャブル》と消去《ムカーバラ》の計算の抜き書き）』（!!）というのであるが、この〝移項と消去〟という言葉こそ、後にアラビア数学の術語となり、十二世紀以後はヨーロッパに伝わって、結局は、なまってAlgebra（代数）となったといういわくつきのものなのである。

　もっとも、〝移項と消去〟は決してアル・フヮーリズミーの独創ではなく、例えばディオファントスの『アリトメティカ』にもすでに同じことが見出される。アル・フヮーリズミーは十九世紀の数学史家M・カントルが高く評価したので、それ以後はインドとギリシャとの二つの〝数学〟

を繋いだ人として、その高い評価が受けつがれてきたのであるが、最近詳細な研究をしたある学者の説によると、必ずしも当代一流の学者ではなかったらしい（矢島祐利著『アラビア科学の話』岩波新書）。そういえば右の『移項と消去……』という長い名前の本にしても、一次、二次方程式の解法で程度のかなり低いものではあるし、この人の名が不朽になったのもあるいは偶然なのかもしれない。死後の運命というのも案外解らぬもので、先のディオファントスにしても、このアル・フワーリズミーにしても、棺を覆った後もなお運命の定まらない例が、数学者と呼ばれる人々の上にもあるようである。詭弁家とのみいわれたエレアのゼノン（Ⅱ、Ⅴ章）などもまたその一人であろう。

アラビアの代数学は文章代数または修辞的代数と呼ばれ、記号はほとんど使わずに、もっぱら文章で、例えば次のように書き表わされている。

——その根の平方に二十一を加えた和が、その平方根の十倍になるとき、その根の平方は何か。その型の問の解答はつぎにのべる方法で得られる……。（中村幸四郎『数学史』第Ⅱ部参照）

何のことはない。これは $x^2+21=10x$ を解こうというのである。この先に解法が文章で述べてあり、つづいてそれでもちゃんと幾何学的に証明が行なわれている。これはギリシャの〝量〟の理論（六九ページ）の影響であろう。

アラビアの代数学で最も進んだ業績といえば、十二世紀のペルシャ人であるオマル・ハイヤーム（Omar Khayyām）の三次方程式の理論をあげねばなるまい。これは前節でほんの少し触れた（一〇二ページ）円錐曲線を用いる解法で、ユークリッドの『原論』やアポロニオスの『円錐曲線論』（Ⅵ章）をふんだんに使う高級な幾何学的理論である。計算による解法はここには見出せなくて、むしろこの次の時代への宿題として残る。これはいわばギリシャ数学の枠内で展開された最後の方程式理論であるといってもよい。

実をいうとこのオマル・ハイヤームの名は、四行詩『ルバイヤート』の著者として一層有名なのであるが、その上さらに極めて正確な暦法を作った人としても知られている。詩人・数学者にして天文・暦法の学者を兼ねるというのは、何となく東洋の文化的大人の風格を思わせるではないか。もっとも、その理論的業績とも、大人の風格とも裏腹に、『ルバイヤート』の沈鬱な四行の調べは、まことに哀切である。これは感情ゆたかな知性のなげきであったと共に、征服されたペルシャの民の心であったともいわれているが、ともかく古今東西を問わず、これだけの詩人・数学者は他に類を見ないのではないだろうか。

ルネサンスの代数が遂に文字記号に到達する

ルネサンスの時期を、ここでは便宜上十四世紀から十六世紀までとし、ガリレイ、デカルトを以て、ルネサンスは近世に移行するものと考えておく。

「数学」に対するこの時代の寄与といえば、普通には代数の発展があげられる。より根本的な問題として、中世的世界観が、この時期の間にがらりと変わるという一件があるが、その問題は次の章で述べよう。

ルネサンス期のイタリアの代数学の最大の成果は、三次、四次の代数方程式の一般的数値解法であって、すぐ前で宿題とよんだものの答がここで出たのである。近代ヨーロッパの数学はこれで初めてギリシャやアラビアを超えたことになる。

もっとも、一般的解法とはいっても、前節で述べた例の文字係数はこの時代の終わり近くにならないと出てこない。そこで従来と同じく、実例を使って一般的方法を示唆しようというのであるが、相変わらずの文章代数で、その間に次ページの上に示すような式（!?）が点在する。これは全く暗号文である。

この時代の代数の新しい特色は、アラビア時代にはなかった未知数記号の使用とインド式記数法の使用とである。未知数記号には時代と著者とによっていろいろな流儀があったが、まとめてコス《コサ》記号の代数といわれている。

ルネサンスというのは何となく明るい感じの言葉のようであるが、実際は新旧思想の衝突する大変な時代であったに違いない。

例えば、この頃に三次方程式の解法について、カルダーノ（G. Cardano）がタルタリア（N. Tartaglia）の発見を奪ったとか、タルタリアは誰それの翻訳を奪ったとか、カルダーノの高弟で四次方程式の解法をえたフェラーリ（L. Ferrari）は肉親に毒殺されたとか、とにかく大変な

カルダーノの『高等代数学《アルス・マグナ》』より，

cub' p：6 reb' aeqlis 20

cub'はx^3，pは+，reb'はx，aeqlisは=で，この式は

$$x^3+6x=20$$

を表わす．またその解は

℞ v：cub：℞ 108 p：10 m：℞ v：cubica ℞ 108 m：10

ここに，℞ v：cubは$\sqrt[3]{\ }$，℞は$\sqrt{\ }$，mは−で，上式は次の式を表わす

$$(x=)\sqrt[3]{\sqrt{108}+10}-\sqrt[3]{\sqrt{180}-10}.$$

ものである。もっとも、この最初の問題はなかなか有名で、通説によると、タルタリアが発見した解法をカルダーノが策を用いて、しかも公表しないという約束で聞き出し、これを自分の発見として世に広めたというのであるが、他のことはともかく、自分の発見として世に広めたという方はまちがっている。

カルダーノの著書『アルス・マグナ（高等代数学）』には「タルタリアに証明ぬきで教わったものに、証明をつけて公にする」という意味のことが明記してあるということだからである（中村幸四郎『数学史』）。

カルダーノには反道徳な狂天才という名が与えられている。彼は医者として暮す一方、数学、自然哲学から占星、手相の術にも秀でていたという才能の持主であったが、他方賭博を好み獄に下《くだ》ったこともあって、神と悪魔とを一つ身の中に共存させたような人柄であったという。あるいはその通りであったかもしれないが、タルタリアとの一件をはじめ、後世の色眼鏡も多少まじっているかもしれない。時代が時代なので彼一人が反道徳的であったともいえない気配であるし、だいいち道徳の意味が今日と大分違うようである。ゲーテのファウストのような〝大人物〟とみればかえって当っているの

ではないか。

ルネサンスが終わりに近づくにつれて、文化の中心はイタリアを去ってまずイギリスへ、ついでフランス、ドイツへと移動する。十六世紀はある意味で学問芸術の時代というよりは、海陸発見の時代であり、農民一揆や宗教戦争の時代であって、他方、十四世紀以来のペストの流行もおさまっているわけでなく、環境はかなりきびしいのであるが、しかもなお学問の流れは着実に次の十七世紀に向かって流れていた。

代数学の歴史ではまずフランスのヴィエタ（F. Viéta）を忘れることができない。彼はフランスの政治の要路にあった人で、しかも若い頃から〝数学者〟でもあった。その最大の業績は、定数を表わす文字記号を代数の中に導入したことで、今までしばしば述べてきたところによると、この事実の意義は決して小さくないはずである。すなわち実例による一般法則の示唆という、まわりくどいゆき方は、この後次第に姿を消して、公式という名の記号列が直截に一般的事実を示すという時代が来る。ヴィエタの文字記号はその最初の一歩なのである。

デカルトは解析幾何学の創始者であるか

デカルトのことは、すでにI章で触れたが一般にデカルトというと「（われ）考う《コギト》、故に《エルゴ》（われ）あり《スム》」か、そうでなければ解析幾何学の発見者か、ということになる。けれども彼は本当に解析幾何学の創始者なのであろうか。

困ったことに、やかましくいうと彼をその創始者と見ることはできない。すなわち解析幾何学のことを、図形に関する考察を数式に直して取り扱う技術と解するならば、彼と同時代のフェルマ（P. Fermat）の方法はむしろデカルトより流麗であるし、そもそも前三世紀のギリシャにおいて、すでにアポロニオス（Ⅵ章）がそれと似た業績を残している。また一方、解析幾何学の名によって、現在「デカルト座標」と呼ばれている直交座標系などを彼がすでに考案していたと想像するならば、これも全くのまちがいで、いわゆるデカルト座標のことはデカルトの『幾何学』には出てこない。これは正確には十九世紀になって工夫されたものである。

そこで、それではデカルトが解析幾何学を創始したというのはまちがいなのかといってみると、それもまた違うといいたくなる。まことに意地の悪い答で恐縮であるが、大切なのは、彼が文字記号による一般式の取り扱い法を開拓し、それによって（定規とコンパスとの作図の問題で説明したような）方程式の一般的考察法の原理を確立したということであって、実をいうと、そこにある記号主義的精神が新しいのである（注　中村幸四郎『数学史』には、デカルトがコス記号代数を学び、それから脱却した経過などの優れた紹介がある。著者御自身の研究を含む）。

その精神の新しさを説明するためには、いきおい古いことから話を始めねばならない。まず話の焦点を当時、数式に課せられていた同次元の条件という制約におこう。これは当時の方程式に課せられていた根本的な制約で、等式の両辺、式の各項などはすべて幾何学的に見て同じ型の図形を表わすべしという条件である。

例えば、今日の流儀で

$$y = ax^2 + bx + c$$

などと書くのは、同次元の条件を満していない。実際 a、b、c、x、y などをそれぞれ線分の長さで表現するとすれば、y や c は長さであるのに、bx、ax^2 は面積、体積となり、この式は、(長さ＝体積＋面積＋長さ) という幾何学的に許しえない関係を示すことになるからである。

ここでⅡ章2節で説明したギリシャ幾何学の代数征服の物語を、思いおこしてもらうことにしよう。同次元の条件は、〝数〟に満足できなくて〝図形〟の取り扱いに走ったユークリッドの『原論』の精神の承けつぎであって、これは、代数学を幾何学によって基礎づけるというギリシャ的立場から見れば、宿命のようなものである。

前にも述べた通り、ギリシャ以前にあったメソポタミアの代数学には、この同次元の条件という制約はない。しかしそれはメソポタミアの代数が近代的であったためとみてはいけないので、ギリシャ人の手で批判される前の、前近代的なのんびり時代の話とみる方がよい。Ⅱ章でも述べたようにギリシャの幾何学的代数は、自然数や分数(有理数)以外にまで数学の対象を拡大しようとしながら、しかも今日の実数という新しい〝数〟にまでは、〝数〟の世界を拡げなかった。線分の長さその他の幾何学的量は、今日の〝実数〟の幾何学的代用品であり、幾何学的に正確だったからこそ、むしろ同次元の制約が意識されていたのに他ならない。

ところがここに二千年の年月が流れ、記号法もかなり整備されたヴィエタの時代ともなると、代数学はいつまでも幾何学の膝下にいようとはしない。幾何学的表現のたすけをかりなくとも、記号法自身の力で代数学を根底から打建ててゆくことのできる時代が、すでに目の前に来ていたのである。同次元の条件という制限の撤廃ということは、こうしてみると、このような記号代数学の独立闘争の一つの重要なやま場だったのである。

文字記号の採用といい、同次元の条件の撤廃といい、たとえこういわれても、今からみれば何程の進歩かといいたいようなできごとであるかもしれない。しかしもしそうなら、これもまた一つのコロンブスの卵である。デカルトの仕事の真の意義は、代数学を幾何学的に基礎づけるというこの二千年来の慣習を撤廃して、代数学が古典的幾何学から独立してゆく第一の素地を作ったところにあった。いわゆる解析幾何学の誕生は、この意味でこそデカルトの功績に帰せられるというべきであろう。

実はデカルトにはじまるこの記号主義の真髄を、デカルト以上に、むしろ史上空前の形で、認識し展開したのは、微分積分学で名高い例のライプニッツ（G. W. Leibniz）である。われわれはやがてⅥ章で微分積分学の歩みをそのような見方に立って概観するであろう。

V章 数学的無限論の問題

1 数学史における無限像

無限はいうまでもなく数学だけの問題ではない。神の無限を人間の有限性に対比するというたぐいの問題は、大昔から今日に到るまで、哲学や宗教の問題にもなり、また美術や文学の主題にもなってきた。数学が捉えた無限のすがたは、人間が描き出した無限像のほんの一面に過ぎない。けれどもこういったからとて、数学の創った無限像を浅薄でみすぼらしいものと考えてはなるまい。宗教的無限像、例えば〝神〟のように、理性を超えたところに生まれる無限像は別として、無限を理論的に捉えるというか、無限というもののもつ理論的側面というか、そのようなものを取り扱う仕事の中で、数学の創ってきた無限像ほど、明確なくせにそれなりの壮麗さをもつものは、他に類例を見ないと思われる。数学の歴史は一面において、人間が数学的無限像をさまざまに創り変えてゆく歴史でもあって、しかも無限の捉え方が変化するごとに、〝数学〟自身も本質的な脱皮をとげる、といえるようにさえ思われる。

無限を避けようとする

数学的無限論の話の発端も例によってギリシャ時代に見出される。Ⅱ章で述べた、どこまで進めても共通単位が見つからないというういわゆる通約不能の量、今でいう無理数の問題も当然その一例であろうけれども、より典型的なのはこの章でとり上げる求積問題である。

もっとも、無限というものに関する考え方に、ギリシャ時代と現代との間で非常な差のあることは承知しておかねばならない。例えば今日、神は無限者であり人間は有限者であるといえば、無限を有限より上にあるものと見ているのであろう。しかしギリシャ時代には、明確な形をもって捉えうるものこそ学問の対象なのであって、形を限定しがたい〝無限〟などの概念は、いわば学問以前のものとして、学問においてはできる限り避けられていた形跡がある。この意味で、ギリシャ時代はいわば消極的な無限論の時代である。

ただし、ギリシャ思想と現代思想とをこのように比較するのは、一般論としてだけいえることであって、純粋数学の範囲では今日でも、〝無限〟が必ずしも〝有限〟より上位の概念であるとはいえない。

例えば一種の無限数学であるはずの微分積分学なども、無限という曖昧なものをさけて、理論的に整頓すればする程、無限的算法を有限的算法によって理解しようとする傾向が幅をきかせてきて、ある意味でギリシャ時代の消極的無限論が復活したような様相を呈しはじめる。ここで〝無限的算法を有限的算法によって〟という言葉は、まともには少し説明しにくいが、この章末に説明する数学的帰納法などを例として考えるといくらか解りやすいであろう。この例では自然数全体という無限にわたる問題を、有限の自然数である1と任意の n とに関する考察で処理するのである（一四五ページ）。

その他、I章で触れた数学基礎論——数学的理論の構造の研究——などでも、抽象的ないい方しかできないが、できるだけ有限的論法をもって無限を処理しようとする傾向が顕著である。ギリシャ的立場が超え去られた過去のものであるとは、必ずしも簡単には結論すべきでないかもしれない。

無限に立ちむかう

ところで、ギリシャ時代と現代という二つの時代の中間、近世において、人々が有限的なギリシャ思想からともかくも踏み出して、より積極的な姿勢で無限なるものに対処しはじめたとき、その背後にはキリスト教における〝神—無限者〟という概念の影響が大きく作用していたであろうといわれる。ここではあまりこの方面に深入りすることはできないが、ルネサンスという思想のるつぼを経由して十七世紀を迎える頃ともなれば、世間の思想的雰囲気は大幅に変わっていて、無限を見る眼ひとつにしても、確かに一段階を昇ったという感じがする。現代の数学的傾向がたとえギリシャ精神への復帰をひそめているとしても、それはあくまでこの一段を経験した後の話なのである。

十七世紀は〝数学の世紀〟といわれる程で、微分積分学の創造を中心とする数学の発展は、ギリシャの最盛期以来のはなばなしさであるが、その背後にもこの新しい無限論は有形無形の影響を与えていたに違いない。これは確かに前代までにない積極的な無限的数学のすがたである。しかしわれわれは、ここでもあまり一本調子のいい方はできない。このような発展の背後に、最も有限的で最も厳格なアルキメデス流の求積理論（一三七ページ）が、大きく潜在的作用を及ぼしていた事実にも、われわれは目をおおうことができないからである。この辺のところ、話はなかなか一筋縄ではゆかない。

前にちょっと触れた数学的帰納法も、この十七世紀にパスカルによってはじめて用いられたものである。前にはこれを、〝無限を有限によって理解する〟という逆説めいた言葉の説明に利用したが、より本質的なのは、自然数全体という無限者が、ここにはじめて一個の数学的対象として把握されるようになったという事実の方であろう。この話はこの章の終わりで述べる。

これらについで数学的無限論の歴史において忘れることのできない一連のできごとといえば、十九世紀前半のロバチェフスキ、ボヤイ、リーマンなどによる非ユークリッド幾何学の創造、ないしそれに伴う空間論の展開、カントル、デデキントの実数論の形成、および同じ人たちによる集合論の創造などであろう。これらはどれをどれともいいかねるけれども、特に十九世紀末に起こった集合論は、人類の創造した最も積極的でかつ壮麗な無限像の一つであろうと思われる。

アキレスは亀に追いつけない

ギリシャにおける無限に関する数学というと、Ⅱ章で述べたゼノン（Zenon）の逆理、運動に関する例の四つの逆理のことを思い起こす人も多いかもしれない。

実をいうと、ゼノンの逆理をそのままギリシャにおける数学的無限論と考えてよいものかどうか、これがすでに一つの問題なのであるが、ともかく有名な〝アキレスと亀〟の逆理などに、限り無く繰返しうるある手続きが現われるのは事実である。

逆理というのは、いうまでもなく反常識的な議論のことであって、〝アキレスと亀〟では、足の速いアキレスでも亀に追いつけないというところが、逆理たるところになっている。これを伝えたアリストテレスによると、その内容は次の通りである。

アキレスが亀の出発点まで来るうちに、亀はいくらか前進している。その前進分に彼が追いつくまでに、亀はさらに前進している。以下これと同じことがどこまでも繰返されて、亀はつねにアキレスの少し前にいることになる。

Ⅱ章でも説明したように、このゼノンの論法は背理法であるとみられている。すなわち、この議論は必ずしも文字通りのことを主張しているわけではなく、敵はどうやら本能寺にある。

実は〝運動〟という言葉がゼノンにとってどんな意味をもっていたのか、その辺に問題があるのであるが、ともかくⅡ章でも述べたように彼の一派の哲学では〝存在するもの〟の本性は不変不動であって、〝運動〟とか〝変化〟とかということは、存在者の本性とは考えがたいという主張があったようである。そこでいわゆるゼノンの逆理にしても、〝運動〟なるものを考えるとどんな矛盾が生ずるか、〝矛盾〟とは何かということ自体がまたむずかしい問題ではあるが、ともかくそのようなことを示すのが狙いであって、〝アキレスと亀〟では、特に運動が（あるいは時間や空間が）限りなく分割できる場合について、それを論じたものらしい。もちろん〝時間〟〝空間〟などといい出せばさらに問題は残るのであるが、ともかくこのような解釈は十分に可能なのである。

〝アキレスと亀〟はゼノンの逆理の第二番目であるが、その第一番の〝二分割〟の逆理も、〝運動〟を無限分割可能と考える場合について、〝運動〟なる概念の示す矛盾を扱ったと考えることができる。すなわち次の通りである。「運動体は終点につく前に走路の中点につかねばならぬ。またその前に、その中点までの中点につかねばならぬ。以下同様で、この故に運動なるものはありえない」。

このような言説は、それがこれだけで終わるものであれば、特にあらたまって数学的無限論などといわなくてもよかったかもしれないが、ひとたび両者を後の二つの逆理と並べて考察すると、話はにわかに新しい様相を帯びて、かなりおもしろいことになってくるのである。

飛ぶ矢は静止している

ゼノンの第三の逆理である〝飛ぶ矢〟というのは、アリストテレスによると次の通りである。

何物も運動しているか、静止しているか、どちらかだが、運動するものはつねに今という時間に存在しているのだから、飛ぶ矢は静止している。

この場合、先の二つの逆理とは違って、運動ないしは空間・時間が、無限に分割できるとは見られていない。すなわち〝飛ぶ矢〟の逆理では、〝運動〟（ないし時間・空間）に分割不能な最終要素があるという場合について、〝運動〟からどんな矛盾が出るかが示されているのではないか。少なくともそのように考えることは十分に可能である。

Ⅱ章で触れた第四の逆理〝競技場〟（七六ページ）でも、〝運動〟に分割不能な最終的要素のあるという場合についての、〝運動〟概念からの矛盾が問題になっていることは、十分うかがうことができる。

このようにみるとゼノンには、たとえ〝運動〟否定論を展開するかたわらであるにせよ、分割を無限に進めてゆけるという意味での連続論（注　今日では分割がどこまでもつづけられるという意味だけでは、数学的連続とはいえないが）と、分割不能の最終的要素があるという意味での原子論と、この二つの大きい思潮を対比させたという解釈が与えられうる。そればかりではなく、彼は連続論と原子論との関頭に立った批判的数学者と見られたり、ギリシャにおける無理数の理論の開拓者の一人と見なされて、後の微分積分学の偉大なる先駆者に数えられたりしたこともある。これらは果たしてことの真相をうがっているのであろうか。

一般にこのような古代の学者の評価を論ずる場合、まず片づけておくべきいくつかの問題がある。その内でも伝承の問題のむずかしさは、前にユークリッドの『原論』に関連して述べたが、〝逆理〟の伝承に到っては、ゼノンより約一世紀後の人であるアリストテレス（Aristoteles）の伝えたもの以外にない。しかもこの場合には、仮に原文の復元を全面的に信用するとしても、その後には近代語訳という難問が控えている。

古代の漢文などもそうであるが、古代のギリシャ語は決して近代語のように明快なものではなく、後世の人の解釈の余地を多分に残したものであるという。それを近代語に訳す仕事は、実は訳者が自分のもつ学問的解釈に従って、茫漠たる原文に一つの定まった形を与えることである、といってよいものらしい。そのせいかどうか、先の〝飛ぶ矢〟の場合でも、前掲の訳文の後半を読みかえて、次のように解釈する説もある。

> 何物も運動しているか、静止しているか、どちらかだが、運動するものはつねに現存しているのだから、飛ぶ矢は不動の存在である。

おもしろいことに、この説は「存在するものは不動不変である」というゼノンの哲学（七四ページ）とはむしろ調和する。しかし他方において、この解釈から前述の〝原子論〟を引出すことはかなり無理であろう。この問題は数学史家の間にもいろいろな意見があって、今後とも決定的なことはいえそうにない。

要するにゼノンの逆理は、単純な詭弁でないことだけは確かだとしても、真相は必ずしも定かではなくて、連続論や原子論の考えが実際にそこにあったかどうか、本当のところ、よくは解らないというべきであろう。

しかし他方、ゼノンの場合がそれだからといって、連続論対原子論という問題の意味がそれだけ薄れるというわけでは決してない。ゼノンがそこに一枚加わろうと加わるまいと、この二つの考え方は、単にギリシャ数学を底流したばかりでなく、数学の歴史を、あるいはむしろ人類の思想の歴史を、貫き流れている二大潮流であるといっても過言ではないのである。

2　ギリシャの求積法

デモクリトスの原子論的考え方

ギリシャの数学ないし哲学における原子論的思想は、ゼノンから一世代ほどおくれたデモクリトス（Demokritos）の辺りに始まると見られている。哲学史の普通の見方によると、ゼノンが原子論の主張者なのではなく、ゼノンの主張によって原子論の誕生が刺激されたということであるらしい。

ここで数学における原子論的考え方というのは、例えば直線や円を点という原子の集まりと見たり、錐体を底面に平行な薄片という原子の集まりと見たりして考察する方法をさす。

デモクリトスはソクラテスとほぼ同年配の人、西欧における原子論の祖と見られていて、当時においてもプラトンやアリストテレスなどと十分比肩できる大学者であったらしいのであるが、意外なことにその著作はほとんど伝わっていない。ある伝承によると、プラトンはデモクリトスの学説を好まず、その学説の抹殺をはかったとさえいわれているが、ともかくデモクリトスには、プラトンにおける新プラトン学派のような後継者もなく、恐らくはI章で述べたパピルスの寿命のことなども手伝って、その学問的伝承は加速度的に消失したのであろう。

デモクリトスの数学上の業績は、彼から百年ほど後の大数学者アルキメデス（Archimedes）

の著作の中に残っている。すなわち、角錐や円錐の体積が、同底同高の角柱なり円柱なりの体積の⅓であるという定理は、「エウドクソスがこれを最初に見出したが、この命題を証明なしに最初に言明したデモクリトスにも、少なからぬ役割がある」とアルキメデスはいうのである。

実をいうと正方形を底とする四角錐《ピラミッド》の体積は、紀元前二千年にメソポタミアですでに知られていたらしいので、このアルキメデスの言明にしても、彼が歴史家ではないだけに、どこまで信用できるかは解らない。あるいは同じ学派の先輩後輩であったのかもしれない。ただともかくデモクリトスは、錐体を底面に平行な薄片に切りそいで考察したものと、今日では推測されている。

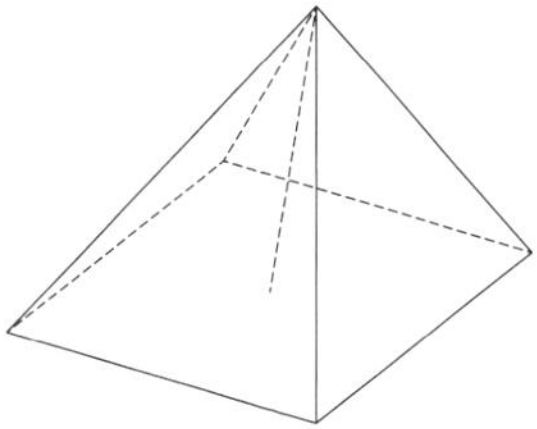

$V=\frac{1}{3}$（底面積×高さ）

fig. 12

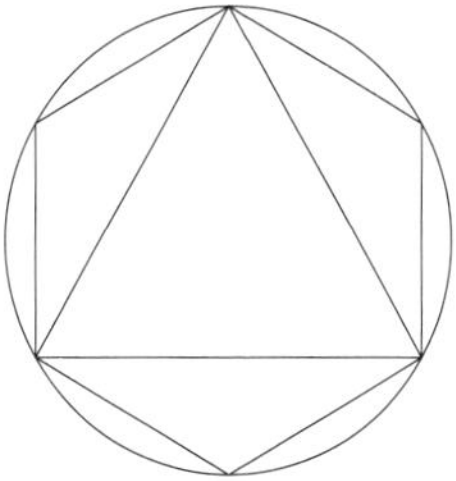

fig. 13

数学における原子論的思想のいま一つの表われとして、Ⅳ章で名を出したアンティフォン（Antiphon。前五世紀の人、同名異人があったりして、その生涯はよくわからない）による円積問題の取り扱いという話がある。これは円の面積を求めるのに、まず内接正多角形を作り、その辺数を次第に増すうちに多角形はやがて円に〝なる〟として答えを出そうという方法であるが、この〝なる〟の意味をめぐって古代の学者たちも盛んに議論を上下している。そして結局その当時においても、この種の考えは〝幾何学〟の原理にあうものとは認められなかったらしいのであるが、それにしても、これらによって円の面積や錐体の体積について、ある種の見透しが得られたことは確かであろう。この概算ないし答の推定ということは数学的原子論のもつ一つの意味に相違ない。

一方、この行き方が〝幾何学〟と見られていなかったことは、前に引用したアルキメデスの言葉からも察せられる。実際、彼はデモクリトスの仕事を〝証明なしの言明〟と呼んだのであるが、それではアルキメデス自身はどんな〝証明〟をこれに与えていたのであろうか、これがこの次の問題である。

大きさのないものから大きさが生まれる!?

アルキメデスの話に入る前に、ここで少し寄り道をして、これから先でも問題になる点について、二、三の一般的な考察を加えておこう。

実はギリシャ数学史に限るにせよ、もっと広い視野で考えるにせよ、〝アキレスと亀〟のような無限の手続きや、錐体の体積のような原子論的な考え方の問題に踏み込むことは、おもしろいけれども、極めてむずかしいことである。問題の性質上、歴史的考察が当然必要であるが、こういう本であまり歴史に忠実であり過ぎるのも考えものだから、しばらくはむしろ現代の立場で自由に物をいうことにしたい。

第一の問題は、直線・平面・空間などを点の集まりとする考えに対する吟味である。実をいうと〝無限に広がった空間〟などの概念は、古代から中世にかけてはまだ生まれてはいなかったらしいのであるが、そのことにはこの章の終わりでちょっと触れることにして、今は立入らないでおく。むしろ問題は、幾何学のはじめに出てくる〝位置はあるが大きさのない点〟、〝幅のない直線〟〝厚みのない平面〟などの概念や、直線上には無数の点があり、平面上には無数の直線があるなどという考えの方である。これらの考えは、ゼノンの逆理やデモクリトス的原子論を頭におくと、何となく新しい意味を帯びるようには見えるのではあるまいか。

しかも問題はこれで終わるのではない。大きさのない〝点〟が相集まって、どうして長さのある〝直線〟になるのかという種類の問題は、相変わらずそこに残されている。さきのデモクリトスの円錐の体積にしても、薄片が厚みをもつ限り、それは円柱ではないからその正確な体積は解らない。実際、薄片の正確な体積が解るのは、二つの錐体の体積を出して引算するのが普通なのである。そうかといって、薄片を本当に厚みなしにしてしまうと、厚みのないものを積み重ねてゆくうちに、いつの間にか厚みが生まれたという奇妙なことになるのではないか。

ここで一つの逃げ道は〝運動〟をもち出すことであろう。直線は点の単なる集合ではなく、点が動いて線を生み、線が動いて面を生み、面が動いて立体を生むといえば、上の問題は何となく避けえたような気になるかもしれない。しかしそれでは〝運動〟とは何物であるか？　話がここまで来ると、ゼノンの運動否定論がさらに新しい意味を帯びて、もう一度思い起こされるのもおもしろい。

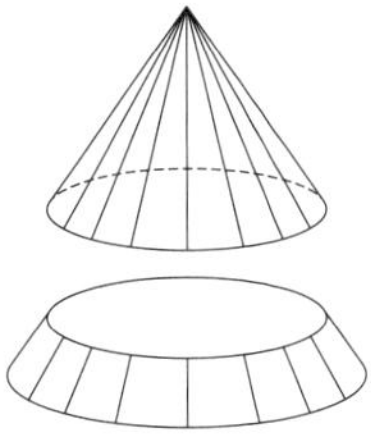

fig. 14

ゼノンの昔はともかくとしても、幾何学を〝運動〟によってこのように基礎づけようとする試みは、昔から今まで、決して少ないわけではない。例えばニュートンの流儀の微分積分学なども、恐らくは運動学的幾何学の伝統の上に結実した一つの大きい理論体系であるといってもよい。けれどもそれでは〝運動〟という言葉によって、長さ・面積・体積などの誕生の秘密が本当に解明されたかといえば、本質的な変化は何もなくて、結局のところ〝運動〟という言葉で問題をすりかえただけというようにも思われる。ユークリッドの『原論』第1巻に限っていえば、その定義や公理には、実は〝運動〟という言葉が出てこないのであるが、これなどもことによると、さまざまなこの種の考慮を経た揚句のことだったかもしれないのである。

このような事情は現在もあまり変わっていない。今日では、長さ・面積・体積などはまとめて測度と呼ばれ、その方面の理論は現代数学の一部門である測度論を形づくっているが、前で測度誕生の秘密と呼んだようなことは、その理論の仕事ではない。測度論の仕事は、〝測度〟なるもののもつであろういくつかの基本的性質を探し出し、そこから出発して〝測度〟に関する種々の性質を系統的に調べてゆくというようなことであって、問題をそのようにしぼるところに、現代数学の成功した一因があるのであろう。しかしそれと同時に、われわれはこの現代数学の遥かな底にあたって、なおこのような混沌たる動機がかくされている事にも、多少の注意をしておきたいと思う。

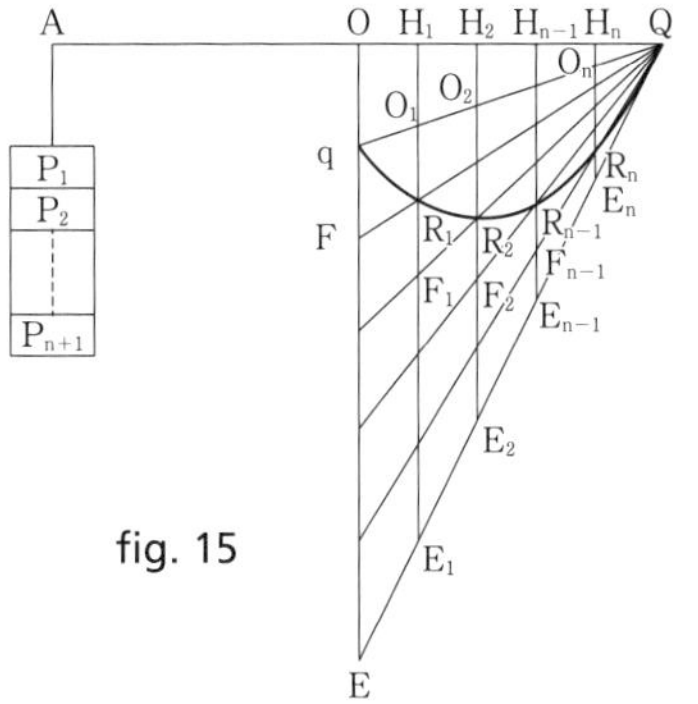

fig. 15

アルキメデス：『放物線の求積』命題 14, 15 より．
O はてこの支点と考え，AO＝OQ とする．ここでは

四辺形　EE_1O_1q と P_1
〃　　$E_1E_2O_2O_1$ と P_2,
…………………
〃　　$E_{n-1}E_nO_nO_{n-1}$ と P_n
$\triangle E_nO_nQ$ と P_{n+1}

がそれぞれ釣合っている．
このことを用いて，

$\triangle EqQ<3\times$（四辺形 FO_1, F_1O_2, ……, $F_{n-1}O_n$, $\triangle E_nO_nQ$ の和）
$\triangle EqQ>3\times$（四辺形 R_1O_2, R_2O_3, ……, $R_{n-1}O_n$, $\triangle R_nO_nQ$ の和）
が証明される．右辺は共に放物線の切片の近似値である．

アルキメデスは古代最大の独創的数学者といわれているが、事実においては、むしろ数学史上で最大の数学者の一人という方がよい。業績は求積法その他の純理論的な方面のみでなく、πなどの計算、静力学・流体静力学・光学などと、実用数学から技術的方面にまで及んでいる（注　岩波文庫『プルターク英雄伝』第四巻のマルケルルスの篇参照）。ユークリッドの『原論』の学風とはおのずから違ったところがあって、デモクリトスなどと同じく、プラトン派とは別個の学問的伝統に立つ人であったかと推測できぬこともない。

求積法の方面でいえば、球の表面積がその大円の面積の4倍であること、球の体積がその外接円柱の体積の⅔であることなどをはじめ、非常に多くの正確な結果が得られている。幸いなことに彼の方法は、著書『方法』の古写本が一九〇六年に発見されたことによって大いに明らかになっている。それによると彼はまず求める図形をいくつかの小部分に分割し、それらを天秤の右腕につるして各部分ごとに左腕で釣合いをと

るという風な静力学的考察を用いて結果を推定し、次に背理法によってその結果の正確なことを証明するという形をとったもののようである。

この背理法による証明を、アルキメデスはエウドクソス（Eudoxos）から継承したのであろう。エウドクソスのことはⅡ章でも触れたが、プラトン学派の一人でユークリッドの『原論』第5巻の比例論や第12巻の生みの親と考えられている人である。

『原論』第12巻には、独特の背理法を用いて証明される面積・体積の理論が展開されている。例えば円錐の体積xが同底同高の円柱の体積yの⅓であること（命題10）を示すには、$x>\frac{1}{3}y$と仮定しても、$x<\frac{1}{3}y$と仮定しても、共に矛盾に陥ることを確かめ、これによって結局$x=\frac{1}{3}y$とする他ないと結論するのである。これはいうまでもなくⅡ章で説明した背理法的証明の一つであって、もちろんこれで未知の答を探すことはできないが、予想された答を確証するには極めて説得力の強い論法である。次にもう少し簡単な例（命題2）によって、この論法の実際を説明しておこう、数式の嫌いな読者は次の小見出しまで飛ばされてもかまわない。『原論』ではこの証明の前に次の事実（命題1）が述べられている。

「ある量からその半分以上を取り去り、残りからさらにその半分以上を取り去る。このことをどこまでも操返すと、遂にその残りは、前以て指定されていたどんな（小さな）量よりも小さくなる」

これが命題2の証明に大いに利いていることは、次の証明を読んでみるとすぐ解る。

アルキメデスの証明法も原理的にはこれと全く変わらない。もっとも彼は前記の命題1の代わ

『原論』第12巻命題2. 円の面積はその直径の上の正方形の面積に比例する.

証明　2つの円を C, C'；直径上の正方形を Q, Q'；内接正方形を Q_1, Q_1'；それに4頂点を追加した内接正8辺形を Q_2, Q_2'；同じく内接正16辺形を Q_3, Q_3'；……とおく.

$Q : Q' = Q_1 : Q_1'$ なので,

(1)　　$C : C' = Q_1 : Q_1'$

を証明の目標とする.

(1) がなりたたないと仮定すると

$$C : S = Q_1 : Q_1'$$

なる S があって, $S < C'$ または $S > C'$ となるに違いない.

(i) $S < C'$ の場合. C' から Q_1' を除く. ($2Q_1' = Q' > C'$ なので, これは C' からその半分以上を除いたことになる.) C' から Q_2' を除く. (これは $C' - Q_1'$ からその半分以上を除いたことになる.) C' から Q_3' を除く, …以下同様.

この手続きを続けると, (本文に引用した命題1の示すように) 何回目かの Q_n' を除いたところで

$$C' - S > C' - Q_n' \text{ すなわち } Q_n' > S$$

となるであろう. 一方

$$C : S = Q_1 : Q_1' = \cdots\cdots = Q_n : Q_n'$$

なので, $Q_n' > S$ である以上は

$$Q_n > C$$

となる. Q_n はCの内接多角形だからこれは矛盾である.

(ii) $S > C'$ の場合.

$$C : S = Q_1 : Q_1' = T : C'$$

とおくと, $T < C$ となって (i) と同様に論じられる.

$S < C', S > C'$ の2つの仮定が共に矛盾に陥るから, $S = C'$ となり, 従って.

$$C : C' = Q : Q'.$$

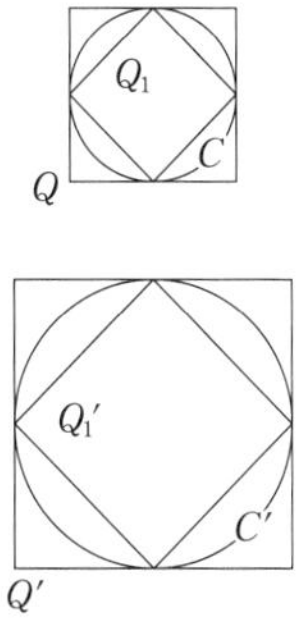

fig. 16

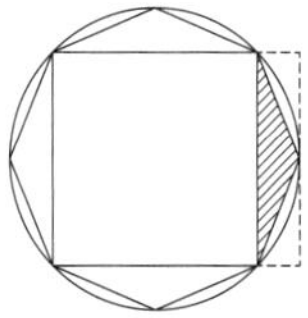
fig. 17

りに、それをやや使いやすく改め、

「量Aがどんなに小さく、量Bがどんなに大きくとも、Aを何倍かすると、いつかはBを超える」

という意味のものを用いている。今日これを〝アルキメデスの原則〟と呼ぶことがあるが、原理の上では上記のエウドクソスの命題1と同等のものである。

エウドクソス＝アルキメデスの求積法は、このように古代で最も厳格かつ正確な求積理論であって、前の錐体のように比較的簡単なものから、Ⅵ章で述べる極限算法のめばえと認められるものまで、実をいうと十九世紀以前にこれほど正確な求積理論は他になかったほどである。最大の欠点は簡明適確な記号法をもたなかったことで、十七世紀の数学はこの方法を変形・改良しながら、次第に微分積分学の形成に向って進んでいくのである。

次は当然その話の番であるが、その前にルネサンスにおける世界観の変革と十七世紀における数学的帰納法の誕生とについて簡単に触れておこうと思う。

3　無限を捉える

天空の無限の深淵へ

中世と近世との世界観を比べるとき、お互いの間の最大の差は、宇宙観をはじめとする世界観の大転換であるとされている。この二つの時代の間にあるルネサンスは、全く種々雑多の思想のるつぼであって、例えば宗教と自然科学との関係ひとつをとっても、これを単純に宗教対科学という二つの陣営に分けて対立させてみるだけでは、あまり説明の役には立たない。

例えば神と無限者とを結びつける思想の形成に大きな役割をもった人たち、十四世紀のオッカム（William of Ockham）や十五世紀のニコラス・クザヌス（Nicolaus Cusanus）などは、また現代的自然科学や数学の開拓者でもあって、オッカムがガリレイ以降の運動学的自然学に直接の影響を与え、またニコラス・クザヌスが近世の数学的無限論に影響するところの多かったことなどは、今ではかなり広く知られている。十三世紀の重要性については、この本でもI章で触れるところがあった。

われわれの現在の問題である無限の概念についていえば、中世を通じて支配的であった宇宙観、地球を中心にいくつかの天球がその周りを回っているという有限的な宇宙観が、近代的な無限の空間に移行することは意外な位重大な意味をもっている。実はこのことが中世の思想を根底から動揺させたようなものであって、この問題は決して単なる地動説対天動説という程度の一学説、一教理などの争いに止まるものではなかったのである。

この辺の事情をイギリスの科学史家であるディングルは、有名なコペルニクスの地動説の書物

『天球の回転について』をとらえて、大要つぎのように説明している（バターフィールド、ブラッグ共著『近代科学の歩み』）。

――この本は発行されたとき、ローマ教会からほめられた程だったのに、死後一世紀もたってから、空前絶後の大論争を起こした。その理由は、〝彼の著作は、一見単純で無害のようだったが、じつは中世の全思想体系の急所に触れ〟ていたためである。当時の学問は皆とけあって一つの体系を形づくっていた。〝天文学であつかういちばん外側の天球の上に、神学があつかう天が〟あり、〝恒星は……人の気質に影響を与え、ある程度まで彼らの運命を左右〟した。物質は地水風火の四元素からなり、これと対比的に人の気質も四つの体液からなっていた。〝現在または未来に、人間の生活に関係するものは、一つのこらず、ものごとの全体系に関連がある。だから、天文学の機構をひっくりかえしただけで、思想の全体が破壊されるのである〟。

これ程の世界観の変換は、今からどう考えてみても本当には解らないであろう。この間の事情を文学者アナトール・フランス（A. France）はまた次のように書いている。

――地球は世界の中心であり、あらゆる天体はその周囲を回転している。かたくそう信じていた古代人の精神状態を、われわれはちょっと想像することができない。古人は地獄に堕ちた人びとが業火《ごうか》につつまれてもがくのをその足下に感じ……、天を仰いでは静かにかの十二天を眺めていた……

――古人は、こうした十二天や惑星の下に生れて、幸福なあるいは不幸な、陽気なまた陰気な生活を送っていたのであるが、そういう十二天や惑星は今はもう失われてしまった。蒼《そう》穹《きゅう》の硬い円天井は壊れてしまった。今人の眼と想念は、天空の無限の深淵へと没入してゆく。惑星のかなたにわれわれの見出すものは、もう選ばれたる者や天使の大光明天ではなくて、われわれの眼に見えない朦朧《もうろう》たる衛星の行列を従えて回転している無数の太陽である。この無限大の宇宙のなかにおいて、われわれの太陽はわれわれにとってガスの一泡沫に過ぎないし、地球は泥土の一滴に過ぎない……。(随筆集『エピキュルの園』より草野貞之氏の訳による)

考える葦

考えてみると、地球にあった宇宙の唯一の中心がフランスのいう〝無数の太陽〟でおきかえられ、〝硬い円天井〟が無限の宇宙空間でおきかえられるまでに、人はためらい、おそれ、たたかい、そして血汐《ちしお》を流した。

コペルニクスは地動説の祖といわれるけれども、彼はただ宇宙の中心を太陽においただけで〝硬い天球〟をこわしはしなかった。彼の主著の標題は〝天体の回転〟ではなく、『天球の回転について』である。遊星軌道の三法則を発見したケプラーも、「無限の中をさまようのは不気味である」との考えをもらし、恒星のちりばめられた天球まではこわそうとはしなかった。その少し前に、はじめて天球をこわして宇宙を無限のかなたにまで拡大しようとしたブルーノが、異端の名の下に焚殺されたのは有名な話であるし、『天文学対話』のガリレイが弾圧され、『宇宙論』を書きかけたデカルトが国を逃れたのもよく知られた話である。

要するに、無限は一朝一夕に人々の中に定着したのではなかったのであるが、しかもこれなしには近世的な天体運動の理論もなく、数学的自然学の形成もなく、恐らく微分積分学の形成もありえなかったであろう。少なくとも、それらは今日あるものと極めて違ったものになっていたに違いない。

いや、それよりもっと大切なことがある。宇宙をも無限をも自らの中に捉えようとする〝人間〟の自覚こそ、恐らくこの時代の最大の所産であり、われわれの近世以後の数学の発展にしても、結局はこの新しい世界観の上に行なわれているといえよう。

そういえばフランスは先に引用した随筆を、

――驚嘆すべきこと、それは星の世界がかくも広大であるということではない。人間がこれを測量したことである。

という楽観主義的な言葉で結んでいる。しかしここでより印象的なのは、一人の十七世紀人としての、パスカルのかの有名な言葉であろう。

——人間は一本の葦にすぎない。自然のうちでも最も弱い葦にすぎない。しかしそれは考える葦である。これを圧しつぶすのに宇宙全体が武装する必要はない。ひとつの毒気、一滴の水も彼を殺すに足りる。しかし宇宙が彼を圧しつぶすときも、人間は彼を殺すものよりも高貴であろう。何故なら人間は自分が死ぬことも、宇宙が力において自分に勝っていることも知っているからである。宇宙はそれを知ってはいない。

自然数全体ということ——パスカルの数学的帰納法

エウドクソス、アルキメデスの求積法は、いわば無限との正面衝突を避ける手段であるが、一方、無限の概念を真正面から数学の対象としたのが、数学的帰納法という論法である。

数学的帰納法を自覚的に用いた最初の人は、他でもない〝考える葦〟の、そしてまた『幾何学的精神』のパスカルである。このことは何人かの数学史家の詳細な研究によって明らかになったのであるが、この先取権の判定に日本人の学者が重要な一役をになったことは特記してよいであろう（H. Freudenthal: Zur Geschichte der vollständigen Induction, *Archives internationales d'Histoire des Sciences*, 1953. K. Hara: Pascal et l'Induction Mathématique, *Revue d'histoire des Sciences et leurs Applications*, 1962. 前者がパスカルの先取権を認め、後者〔原亨吉〕がパスカルの手紙を用いてそのほぼ正確な時期を定めた)。日本では文献の不足や言葉の制約などもあって、原典に基づく本格的な西欧数学史研究には、なかなか手がつかないと思われた時期もあったのであるが、時代はここでも次第に変わってきている。そしてこうなってくると、ヨーロッパ的伝統の底にある妙な偏見や因習から自由な日本人は、却って歴史研究にとって恵まれた立場にあるといえるかもしれない。もっとも、そのためには、まずとてつもなく大きい言葉の上の負い目をはね返さなくてはならないけれども。

さて数学的帰納法というのは、別に示したように「ある事実がすべての自然数について成り立つ」ということの証明に用いられる論法であるが、実をいうとこれは単なる一つの証明法という に止まるものではない。この論法の背後には第一に、自然数全体とは何かについて、明らかな自覚がある。自然数は1に始まり、その次、その次と進んでゆくことによって、全体が捉えられるのであって、それ以上でもそれ以下でもない。だからこそ、あること$A(n)$がどの自然数についてもなりたつことを知るのに、先ず$n=1$で吟味し、次には$n=k$で正しいとすれば$n=k+1$でも正しいことを吟味するという二つの件からなる証明法が、役に立つのである。この章のはじめに、この方法によってはじめて〝自然数全体〟という無限者が一つの数学的対象として把握されたといったのは、この間の事情をさす。「何だそれだけのことか」と思われる人もあるかもしれないが、この〝それだけのこと〟によって、自然数全体という無限のメンバーをもったものが、ぴたりとそのカンどころを押えられている事は注目に値する。しかも早い話が無限級数などの議論一つをとっても、これなしには正確な推論のできない場合が多い。これこそは、無限という新

自然数に関する性質 $A(n)$，例えば，

$A(n)$：$1^2+2^2+\cdots\cdots+n^2=\frac{1}{6}n(n+1)(2n+1)$ が，$n=1, 2\cdots, k, \cdots$ のおのおのについて正しいことを，次の2つの手続きによって証明する：

第1段　$A(n)$ は $n=1$ で正しいことを確かめる．実際今の例では，

左辺$=1^2$，右辺$=\frac{1}{6}\times 1\times(1+1)\times(2\times 1+1)=1$

で，左辺＝右辺，すなわち $A(1)$ は正しい．

第2段　$A(n)$ が $n=k$ で正しいと仮定し，これが $n=k+1$ でも正しいということを確かめる．

今の例では，$A(k)$ すなわち

$1^2+2^2+\cdots\cdots+k^2=\frac{1}{6}k(k+1)(2k+1)$

を正しいと仮定すると，$n=k+1$ に対して，

左辺$=(1^2+2^2+\cdots\cdots+k^2)+(k+1)^2=\frac{1}{6}k(k+1)(2k+1)+(k+1)^2$

$=\frac{1}{6}(k+1)(k+2)(2k+3)$

右辺$=\frac{1}{6}(k+1)\{(k+1)+1\}\{2(k+1)+1\}$

となり左辺＝右辺．

すなわち，$A(k)$ が正しければ $A(k+1)$ も正しい．

以上の2つから，次のように結論される．

まず第1段によって $A(1)$ は正しい．

ところが第2段で $k=1$ とすると，“$A(1)$ が正しければ $A(2)$ は正しい”となるから

∴　$A(2)$ も正しい．

ところが第2段で $k=2$ とすると，“$A(2)$ が正しければ，$A(3)$ は正しい”となるから

∴　$A(3)$ も正しい．

…………………………

この議論はこうしてどこまでも進めることができる．一方，このようにしてゆくことによってどの自然数にも必ずいつかはゆきつくから，どんな n に関する $A(n)$ の検証も，上の手続きをくりかえすうちに必ずえられる．

しい対象に対処すべき、新しくかつ正確な方法であることを知らねばならない。

　パスカルはその著『数三角形論』において三つの命題についてこの論法を使っているが、そのどの場合にも、「この命題には無限に多くの場合があるが、次の二つの補題を用いれば証明は簡単である」という意味の言葉を添えて、数学的帰納法における第一段と、第二段との二つの手続きをおこなっている。

　もっとも、パスカルには前記の形のように、$n=k$ から $n=k+1$ をという一般的記号はまだでてこない。$n=4$ を例として全般を示唆するという、Ⅳ章以来おなじみの例示の方法である。パスカルにして、なおこの一般記号への道は険しかったという他ない。

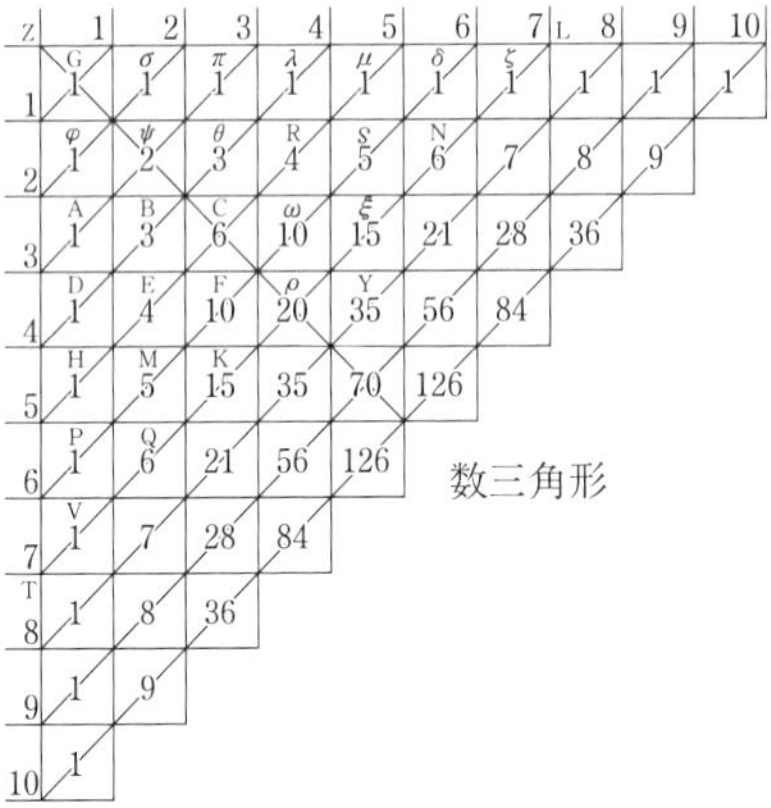

fig. 18

　なお、〝数三角形〟というのは右図のように数を並べた一種の表で、斜めに並んだ部分は上から順に $(a+b)^0$, $(a+b)^1$, $(a+b)^2$, ……の係数を示しているが、パスカルはこれを用いて、組合せ算や整数論などの数多くの命題を調べ、その中には彼の確率論の起こりと見られているものもある。数学的帰納法と確率論という二つの大きい理論が、賭けのような全く世俗的な問題をめぐって同時に生まれているのはおもしろいことである。

話が数学的帰納法から自然数全体の概念にまで及んだところで、集合論についてその方面と関連する二、三のリマークを添えておこう。もともとこれは十九世紀末に創られた理論で、第Ⅱ部でもいくらか触れられるであろう。

数学的帰納法によって自然数全体なる無限者が、一個の数学的対象として捉えられた事情は前で述べた。集合論はこの考えをもう一段徹底させ、無限に多いメンバーからなる種々の集まりをも、それぞれを一個の対象と認めて、相互のメンバーの個数について、大小相等の比較や加法乗法などの計算を企てる。無限者を積極的に摑むという考えは、ここにおいて極まるという感じで、この理論の創始者であるG・カントルはその事情を次のようにいっている。「神という無限者を認めるかどうか、また物質界に無限者があると認めるかどうか、また人間精神の中に無限者があると認めるかどうかで、古来の思想家は2^3すなわち8つの組に分れるが、この三者にどれも〝然り〟と答えるのは恐らく自分が最初であろう。しかし自分は最初ではあっても最後ではないことを信じている。」なお人間精神の中に実在する無限者とは、ここでいう無限集合のことである。

さて、大小相等の比較は、日常の有限の場合とある意味で同じ原理による。子供が指おり数えるときは、物一つに指一本をつき合せ、物と指との一対一対応を作って勘定するのであるが、慣れてくると指の代わりに、頭の中にある数の目盛とでもいうべきものを使うわけであろう。無限の算術の場合、無限用の目盛はまだこれから作るということにして、もっぱら一対一対応を用いてことを運ぶことにする。

無限集合の第一の例は自然数全体Nであろうが、ここにちょっと厭なことは、Nの一部分であ

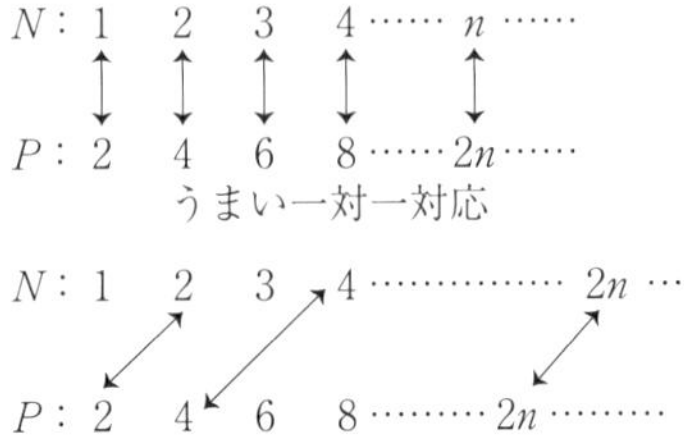

うまい一対一対応
へたな対応

る例えば偶数全体Pも、うまくすると上例のようにNと一対一対応がついて、〝同数〟――同じ「濃度」と呼ばれる――といわざるをえなくなる点である。（上例下半分のように下手な対応をつけると一方のメンバーにはみ出しが生ずるが、これは無限集合では致し方ないことで、一対一対応が一つでもつけられれば、同じ濃度と認める。）

自然数、正負の整数、有理数などはみな同じ濃度であることが確かめられるので、この濃度を可付番濃度と名づける。

可付番濃度などと名づける以上は、別の濃度もありそうにきこえるが、実際、例えば実数全体はどう工夫しても自然数全体に一対一対応がつけられず、必ず実数の方にはみ出すメンバーが残ることが確かめられるため、その濃度は可付番濃度より〝大きい〟と認められる。これは実数の濃度または連続体の濃度と呼ばれるが、この先いくらでも大きい濃度の列が作られ、それと共にこの無限算術用の目盛も先へ先へとのびてゆく。その目盛の上で一種の加法、乗法なども、有限の場合とある程度まで似た形で進めてゆける。これは人類の作った無限像の中でも極立って壮麗なものである。

ところでこの目盛はすでに完成しているのであろうか。残念ながら正確にいうと答は否といわざるをえない。例えば、無限の濃度の中で一番小さいものが可付番濃度であることは証明できているが〝その次に〟大きい濃度が何か、特にそれは連続体の濃度ではあるまいか、という問題は、連続体問題と呼ばれて、古今の難問題の一つに数えられている。最近この方面の研究には飛躍的な進歩があり、その結果この連続体問題は、集合論の最も基本的な性格を規定するほどの大問題であることまで、改めてはっきりしてきた。この方面の研究にはⅡ章末で触れた公理主義の考えが大きい役割を果たしているが、いずれにせよ無限の問題は今もなお数学の中心的問題の一つである。というよりも、恐らくそれは人間のもつ数学という学問と共に、永遠無限の問題なのであろう。

Ⅵ章 微分積分学への道——一つの記号的無限小数学

1　求積問題と接線問題

微分積分学を創ったのは誰か

微分積分学というと、直ちにニュートンやライプニッツ、あるいは日本の関孝和などの名を思い起こす人も多いであろう。

過去の日本の〝数学〟である和算は、今ここで考えている数学と全く別の伝統の上に立つものであり、また関が微分積分学に関係があるという確実な史実はないということでもあるから、これはしばらくおくとして、はじめの二人は確かに微分積分学の歴史で忘れることのできない人物である。けれどもこの章で明らかにしたいのは、いわばそういう偉人伝の反対である。すなわち微分積分学はこの二人の人が忽然として無の中から創造したのではないという事実や、またこの二人の創った理論が、そのまま現在の微分積分学の直接の原型でもないということなどを、多少明らかにしてみたいと思っている。

これはもちろん、偉人を引ずり下ろそうというようなけちな考えによるのではない。筆者の真意は、学問の発展というもののありのままの姿を、いくらかでも伝えたいというところにある。学校で教えられる半ば固定化した学問と違って、本当に生き動いている学問は、時として気まぐれなまでに流動的であり、そのくせ恒常的な何物かをつねにその中に秘めている。このようなことを微分積分学の歴史について伝えたいのであるが、正直なところ、やってみて筆者の学問の底の浅さを思い知ったという感が深い。この章は少し予備知識が要るかもしれない。

ともかくこの学問の歴史は想像以上に複雑多岐であって、それをここでとやかくいうよりも、まずI章でも引用したフォーブスとディクステルホイスの『科学と技術の歴史』から、次のような一節を引用してみることにしよう。

後に自然科学において微積分学という名前で用いられるようになる数学の新領域を考えだしたのはニュートンとライプニッツである、という流布された意見は事実に合わない。

微積分学の研究を、孤立した歴史的事実とみなすことはできない。求積法の問題は古代ギリシャ以来とり上げられており、多くの場合に解かれている。微分学で生ずるような問題、とくに函数《かんすう》の極値および曲線の接線に関する問題は、十七世紀のはじめに提出され、その大部分が答えられている。ニュートンとライプニッツの最大の業績は、求積法の問題が微分学の問題の逆であるということを指摘することによって、独立に発展してきた数学のこの二分野の間の関係を確立したことと、両方の一般的な計算方法と一般的記号法とを導入したことであった。このとき以来、微積分学という言葉が正当とされるようになった。しかし、それは、このとき以前に微積分学の問題を扱う数学の領域がなかったということを意味するものではない(広重徹氏他三氏の訳による)。

何を微分積分学と呼ぶか

上の引用でも解るように、微分法と積分法とは一応別個に発達してきたのが、後になって一つの有機的体系にまとめられたのであって、初めから一つの体系をつくるべく意図して形成されたものではない。微分積分学の形成史を論ずる場合、これは注意すべき点であって、この〝一つの体系〟ということを無視すると、話はたちまち前章で述べたギリシャ的求積法にまで遡らねばおさまらない。

もっとも、それかといって余りに整備された理論体系を頭におくのも考えもので、下手をするとニュートン、ライプニッツも古すぎることになる。そもそも現在ある微分積分学の体系自身にしても、最善かつ最終のものであるなどとは一たい誰がいえるのであろうか。

微分積分学の誕生は、記号的計算法としての微分法、積分法が一通り整備され、その両者が、例えば加法と減法とのように、互いに逆の算法であることの一応認められた時期のこととするのが、最も妥当な線であろう。これならば、ニュートンとライプニッツは、確かにこの学問の創造者といえるのである。

ここでついでに一言すると、関孝和より後代の和算に、円理という一種の〝微分積分学〟が創られていたとする説があるが、それはどうやら〝一つの体系〟としての微分積分学ではなくて、それ以前の段階のものらしい。むしろこれほど伝統の違う二つの学問は、最初から比較しない方がよいように思われる。

話を西欧に戻してもう一つ付け加えると、この学問の歴史については、数学の内部的発展だけではすまない面がいろいろある。学問形成の社会的背景というような大問題に手を出すことは、初めから断念しておくとして、無限、連続、運動、力などの諸概念は本来スコラ哲学の言葉であったのが、数学にも自然学にも関係をもって来て、遡ればことは中世的学問体系の中に埋没するし、下っては近世的世界観の形成、特に数理的自然科学の形成とからみ合う。話はとても一筋縄ではゆかないのである。

このような事情であるけれども、この章では大体において数学内部の問題だけを取り扱うことにしようと思う。その方が話がすっきりするし、しかも、十七世紀の数学はすでに哲学とも自然学とも独立した固有の学問的世界をつくり上げていたという客観的な事実があるらしいからである（注　D. T. Whiteside: Patterns of mathematical Thoughts in the later seventeenth century, *Ar-*

chives for History of Exact Sciences, vol. 1, 1962による。この論文の結果は以下で大いに利用させてもらっている）。

現在の積分学からのリマーク

話は求積問題から始めるとして、初めに現在の積分学のとっつきの部分を、簡単に見ておくと便利である。

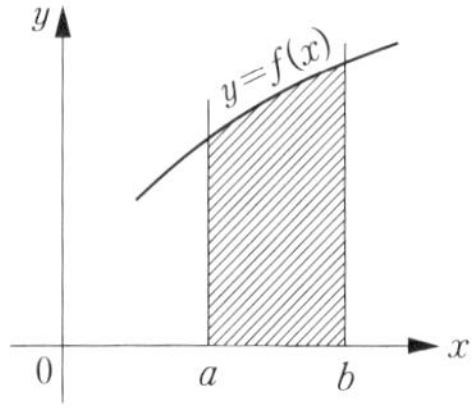

fig. 19

積分法の出発点は、函数（関数）の縦線図形と呼ばれる図形に対する求積法である。ここに函数$f(x)$の縦線図形とは右図の斜線部分のことで、正確にいえば、x軸、2点a、bを通るy軸への平行線、$f(x)$のグラフの四者の囲む図形である。

aからbまでの$f(x)$の（定）積分$\int_a^b f(x)dx$とは、本質的にはこの縦線図形の面積に他ならない。ただし、$f(x)$のグラフがこの図のようにx軸より上にあればそのままでよいが、グラフがx軸の上下に現われる場合には、縦線図形の内でx軸より上の部分の面積を正、下の部分の面積を負として合計したものを、その（定）積分の値とする。もっとも、これは計算の便宜上の規約で、本当に大切なのは、積分が実は面積のことだというような認識の方である。

（定）積分の値αを数式で表わすには次ページ上のようにする。

（定）積分を定義するのに、本文の説明では一応〝面積〟を用いてみたが、左記の説明では実数論と数式計算とでことがすむと述べた。今日の積分学は一般に後者の方針に従っていて、面積

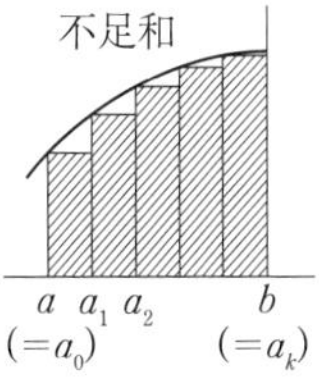

fig. 20

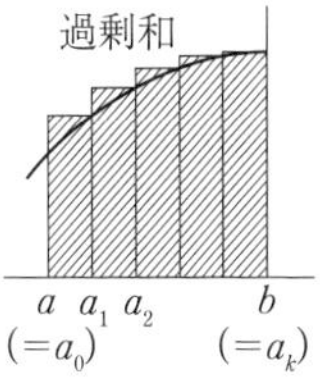

fig. 21

区間 $[a, b]$ をいくつか（k 個）の小区間に分つ．（k 等分である必要はない．）各小区間 $[a_{i-1}, a_i]$ における $f(x)$ の最小値を m_i，最大値を M_i とおいて

不足和：$s_k=\sum_{i=1}^{k} m_i(a_i-a_{i-1})=m_0(a_1-a_0)+m_1(a_2-a_1)+\cdots+m_k(a_k-a_{k-1})$

過剰和：$S_k=\sum_{i=1}^{k} M_i(a_i-a_{i-1})=M_0(a_1-a_0)+M_1(a_2-a_1)+\cdots+M_k(a_k-a_{k-1})$

を作る．s_k が α の控え目な近似，S_k が α の過剰な近似であることは，式からも図からも容易に解るであろう．

ここで分点の数を増して小区間の幅をどんどん小さくすると，不足和と過剰和とが次第に接近して，共通の値 α に近づくことが予想されるが，$f(x)$ が（グラフに切れ目のないいわゆる）連続函数の場合などには，この予想が実際に証明される．$\int_a^b f(x)dx$ とはこの α のことと定める．

この証明は実数の性質（〝実数論〟）だけを用いて行なわれ，〝面積〟などの幾何学的概念のたすけは借りない．

は逆に（定）積分の計算で求められる立場にある。もちろん（定）積分によって得られるのは、（正値をとる連続函数の場合）縦線図形の面積に限られるが、縦線図形以外の場合にも十分応用される。例えば次ページの図の面積Sなども、二つの縦線図形の差として求められる。

もし一五七ページの例のように異様な〝図形〟で、不足和と過剰和とが歩みよらず、従って積分が不可能な場合には、その図形は〝面積〟をもたないと解釈されるだけである。

その他、体積や曲線の長さについても、これと同じような原理に基づく取り扱いが行なわれている。

このように現在の積分学では〝図形〟よりも〝数〟――実数――の理論の方が優先していることが解る。ところでわれわれは

Ⅱ章で、ギリシャ人が〝数〟よりは図形的量を重視して、今の実数論に当る比の理論なども幾何学的に展開していたことを述べた。これは現在の行き方と全くあべこべであるが、この二つの傾向の旋回点になった時代こそ、デカルトの前後以来の十七世紀なのである。当時の求積法は初めギリシャ流の幾何学的求積理論から出発し、次第に記号代数の色彩を濃くして、遂に今日の形になってきたものなのである。

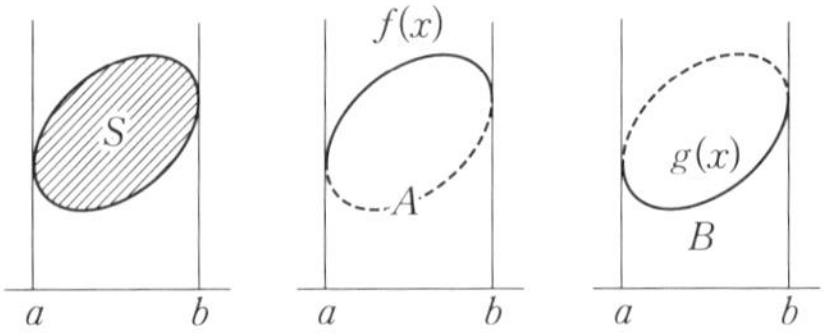

$$S=\int_a^b f(x)dx-\int_a^b g(x)dx$$

fig. 22

取り尽し法と葡萄酒樽の測定

アルキメデスの業績が西欧の学界に伝えられたのは十五世紀頃からで、ギリシャ数学の文献中では最もおくれて伝わったのであるが、数学的自然学ないし微分積分学の形成に及ぼしたその影響は、むしろ一番大きかったかもしれない。有名なガリレイはその影響を大きく受けた一人である。

もちろん長らく絶えていた古い学問の復活であるから、最初のうちは誤読や無理解が多かったらしい。特にその求積法における背理法的証明（Ⅴ章）は、一方で取り尽し法（method of exhaustion）という名を与えられて次第に重んじられるようになりながら、他方では過度に厳密な論法として、敬遠されたり誤用されたりした場合も少なくなかったともいわれている。しかし実際には、これほどの論理的正確さをもった求積法は、微分積分学の理論的基礎が固められた十九世紀以前には、他に類を見なかった。ニュートン、ライプニッツの微分積分法にしても、とてもこれだけの論理的正確さはもっていなかったのである。

アルキメデスの求積法を、ただし方法の正確さをではなく、得られた結果において継承した十七世紀最初の業績は、ケプラーの著書『葡萄酒樽の立体幾何学』（一六一五年）であろう。

ケプラーはドイツの人、遊星の運動に関する「ケプラーの三法則」で有名であるが、現代的な意味での数理科学者というよりは、多分にピタゴラス－プラトン的な数の神秘主義者という感の深いルネサンス人の一人である。例えば初期の彼は遊星の軌道と五種の正多面体との関係を真剣に論じ、また遊星運動の根本原因を神の霊と考えたりしていた。この神の霊が約二十年の後にケプラー自身によって自然力と改められ、それの中からガリレイ、ニュートンに引きつがれる天体力学が生まれたのである。

『葡萄酒樽の立体幾何学』は一見余技のような著書であるが、アルキメデスの著書『球と円柱』を継承して、後者に扱われた立体をはじめ葡萄酒樽に到るまで、いくつかの求積問題を解いている。彼の方法は前章の言葉を借りれば原子論的であって、円周は無限に多くの辺をもつ多角形と見なされ、円の面積は中心に頂点をおき半径を高さとする無数の三角形の和、球の体積は同じく無数の円錐の和などと考えられている。この論法が、原子論的求積法についてまわる論理的弱点（V章）をもつことはいうまでもないが、答の見透しをつけるという意味では、結果は決して不毛ではなかったのである。

例：
$$f(x)=\begin{cases}0, & x\text{が無理数のとき}\\ 1, & x\text{が有理数のとき}\end{cases}$$
とすると，不足和と過剰和とは一致しない．

『不可分量幾何学』と『無限算術』（極限概念の起こり）

ケプラーの次にとり上げるべきはカヴァリエリの『不可分量幾何学』（一六三五年）であろう。この人はガリレイの弟子であるが、この求積理論が後代に与えた影響は意外な位に大きく、一方ではイギリスのウォリスを経てニュートンへ、他方ではパスカルを経てライプニッツに伝わっている。

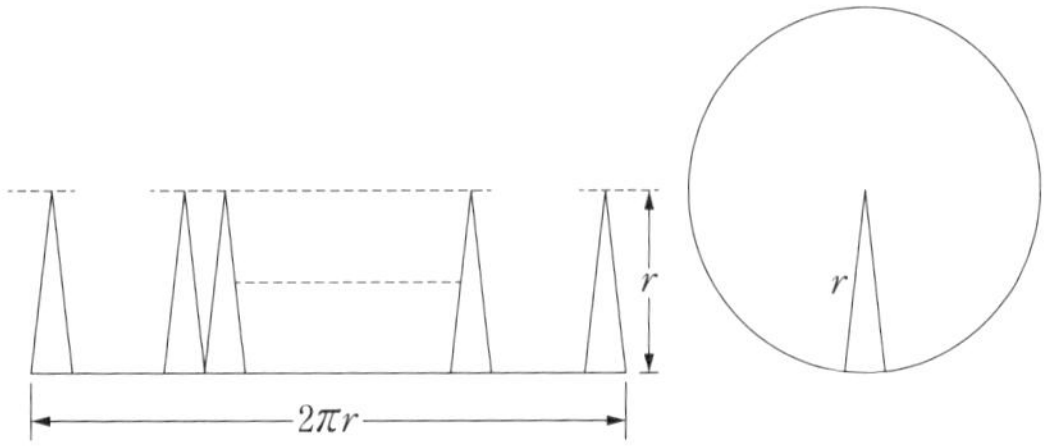

fig. 23

この幾何学では平面図形の面積はそこに引かれた平行線分の全体、立体の体積はそれを平行に切る平面分の全体などと見なされ、この線分なり平面分なりを不可分量と呼んでいる。これは一種の原子論で、〝不可分量〟の定義がないなどの欠点はあるが、当時の数学的無限理論の中では際立って明解かつ使いやすかったものらしい。その上、正確な証明には取り尽し法を用いることになっていて、粗雑な原子論的理論では決してなかったのである。今日〝カヴァリエリの原理〟として知られているところの、

「2つの面積を平行線で切るとき、切口に当る線分の比がつねに一定値 $a : b$ であれば、面積の比もまた $a : b$ である。」

などもその成果の一つである。（fig. 24）

不可分量幾何学の発端の部分を、より論理的に正確にしたのはパスカルの求積理論である。これは不可分量の代わりに短冊形の長方形を用い、その和について取り尽し法を用いるというやり方で、前に述べた現代式の積分の定義に近い優れたものであるが、ただあくまで幾何学的理論であって、記号的計算法にはなっていない。パスカルはあくまで古典的な幾何学尊重主義である。

同じ頃イギリスではオックスフォード大学のウォリスが、不可分量の考えを数論、代数の方面に適用することを試み、『無限算術《アリトメティカ・インフィニトウルム》』(一六五五年)という書物を著わして一種の記号代数的な無限数学を展開していた。彼は多少の論理的不備には目をつぶり、式の形その他からの類推によって大胆な記号計算を行なっている。次ページに示すのはその一例であるが、ここに秘かに現われてきた論法こそ、正確だが面倒くさい取り尽し法に代わって、やや粗雑ながら計算の簡明な新しい型の計算法を拓いたもので、要するにこれが今日の極限算法――これは粗雑ではない――の一つの原型に他ならない。

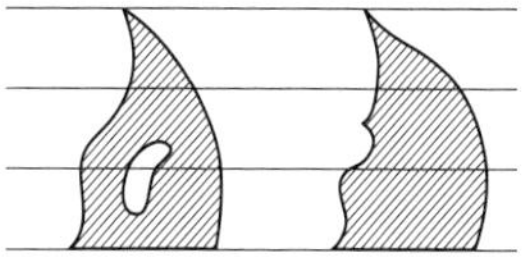
fig. 24

実はこの極限の概念もすでにアルキメデスの論文の中に見出されている。それは背理法による正確な証明さえもっているが、もちろん考え方は幾何学的である。より便利でしかも論理的にも正確な記号的計算法となると、これは十九世紀になるまで、本当の意味では得られていない。これについてはこの章の終わりで少し触れる。

なお数学史家ホワイトサイドは、十七世紀における数学発展の指導原理として、前記のウォリスに見るような、「式の形その他、型からの類推」というこ

$\lim_{n\to\infty}\frac{\sum_{\nu=0}^{n}\nu^2}{(n+1)n^2}=\frac{1}{3}$ であることが知られているが，ウォリスはこれを次のようにして求める：

$$\frac{0+1}{1+1}=\frac{1}{2}=\frac{1}{3}+\frac{1}{6} \qquad \frac{0+1+2^2}{2^2+2^2+2^2}=\frac{5}{12}=\frac{1}{3}+\frac{1}{12}$$

$$\frac{0+1+2^2+3^2}{3^2+3^2+3^2+3^2}=\frac{14}{36}=\frac{1}{3}+\frac{1}{18}$$

項数を増すとこの比は⅓に近くなり，結局この比と⅓との差は，前もって与えられたどんな小さい数よりも小となる.《したがってこれを限りなくつづければ，その差は全く消失してしまう.》

とに注目している。そのつもりでウォリスの計算を読み返してみるのもおもしろいであろう。

取り尽し法の変形と没落

不可分量の幾何学は一六六〇年頃から、また取り尽し法は一六七〇年頃から、それぞれ急速に使われなくなっていったといわれる。これが微分積分学の勃興期とほぼ一致している所が問題である。

もっともこうなるまでの間に、取り尽し法もギリシャ伝来の形が次第に変わってきていて、見方によっては、これが衣がえをして微分積分学になったということもできないでもない。いずれにせよ、この辺の状況を少し見ておこうと思う。

例えば取り尽し法といえば背理法とくるはずなのに、背理法が表面からかくされて、次ページ上のような形の証明手続きにまとめられたりする。よく見るとこれは少し前で述べた現代的な積分概念と似ていて、不足和、過剰和の列で上下から挟むような形であるが、こうなると次の発展段階がむしろ取り尽し法からはなれ

(1)　$A_1 \geqq A_2 \geqq \cdots \geqq A_n \geqq \cdots > \alpha > \cdots \geqq a_n \geqq \cdots \geqq a_2 \geqq a_1$

(2)　$B_1 \geqq B_2 \geqq \cdots \geqq B_n \geqq \cdots > \beta > \cdots \geqq b_n \geqq \cdots \geqq b_2 \geqq b_1$

(3)　任意の整数 ε に対してある添数が決まり，それ以降の n では必ず $A_n - a_n < \varepsilon,\ B_n - b_n < \varepsilon$ となる.

(4)　どんな i, j についても $A_i \geqq b_j,\ B_i \geqq a_j$

以上（1）～（4）の仮定の下で

$$\alpha = \beta$$

が得られる.

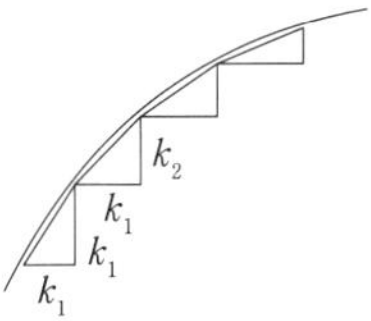

fig. 25

て極限算法の方に向うのも自然のように思えるのである。

一方、取り尽し法を曲線の長さの測定に使おうという試みが意外に難航して、より実用的な、微小三角形による近似（上図）が姿を現わす。これはこの後で述べる微分法との関連にも縁の深いところである。

このように、取り尽し法を理論の中心におきながら、新しい時代の息吹きはいろいろな方向を指して動いていった。これが大体一六七〇年頃までの学界の動きである。学問の足どりの速さは二十世紀の今日と比べても、さほどおとるとは思えないではないか。

実現しなかったある無限小数学

われわれはいま、取り尽し法の一つの改良型を例示した。これはパスカルの着想によるものということであるが、もちろん当時そのような記号的表現はできていない。こんな場合、上のように簡単に記号で書いてしまうというのは、実は大変な飛躍をおかしたことになる。全くの話、取り尽し法を表現するそのような明確な記号法がなかったからこそ、多少の論理的不備にまでも目をつぶって、より簡便な極限算法、無限級数の和、あるいは前記の微小三角形などが多用されるようになり、結局それらから記号的数学としての微分積分学が生まれてきたのだからである。

こういうと、それでは取り尽し法自身の記号化はどうしてできなかったか、という反問が出るかもしれない。これについて例のホワイトサイドが次のようなことをいっているのは、いろいろな意味でおもしろい。

――デカルトにもパスカルにもニュートンにも、取り尽し法を記号化するというような意図は全然見られない。ただ記号法の化物のようなライプニッツだけは、機会さえあれば、取り尽し法の記号化に成功して、いわゆる微分積分学でないある無限小数学を開拓していたかもしれない。

――彼がその道を行かなかったのは一つの歴史的偶然のようである。というのは、彼が微分積分学を発酵させていた一六七〇年頃、彼の先生であったホイヘンスは取り尽し法打倒の急先鋒であって、ライプニッツがその方法を学ぶいとまはなかったらしいのである……。

われわれは過去の歴史的事実について、〝もしこれこれの事が起こらなかったとすれば〟などといってみても、ほとんど何の役にも立たないことを知っている。しかし数学の過去の歩みをしばらく無視して、ありえたかもしれぬ別の理論、別の歴史について想像をめぐらすのも、またなかなかおもしろいこともあろう。

むりにそれとこれとを結びつけるわけではないが、実をいうと、十九世紀以来行なわれている微分積分学の理論的基礎づけの動きは、どうもこの学問の形を、アルキメデスとまではいわぬにせよ、先の取り尽し法などの形にかなり近いところへ、追いやってきたような気がする。十九世紀の微分積分学はそのままライプニッツの実現しなかったある〝無限小数学〟の再現といってよいのであろうか。それともそこにはなお再現されていないいくつかの夢が将来の開拓を待って残されているのであろうか。歴史はこの辺りからにわかに現代の可能性につながる。この問題自身の価値はともかくとして、少なくともこのような方向にこそ、未来へつながる一つの鑑《かがみ》としての、歴史のもつ大きい意味があるのではなかろうか。

なお今出てきたホイヘンスは当時の代表的な数学・物理学者の一人で、振子時計や光の波動説で有名であるが、微分積分学の形成にもデカルト、パスカル、ウォリスなどと並んで大いに力を尽した人である。取り尽し法への彼の批判は、それが発見的でないことと、その手続きが冗長であることに向けられていて、その限りではいずれも根拠ある批判である。

例：$y=x^2$ を微分すると $y'=2x$

$$\because \quad \frac{(x+h)^2-x^2}{h}=\frac{2xh+h^2}{h}=2x+h$$

$h\to 0$ のとき右辺は $2x$ に近づく.

(x^2 に対して，この $2x$ は，各 x に対する x^2 の微分係数を与える函数で，導函数とよばれる．なお同じ事実を，x^2 は $2x$ の〔1つの〕原始函数〔不定積分〕であるともいう.)

現在の微分学からのリマーク

今までの話はすべて求積法のことで、今日の積分学につながるのであるが、一方、今日の微分学の発端は、求積法と独立でしかも断片的な、大小いくつかの問題の中に見出される。接線の問題以外は、求積法ほど古い伝統をもっているわけでもない。

中心的な問題は接線の理論と、当時〝流れ〟と呼ばれていた運動学的問題などであったが、これと並んで極値問題や方程式の重根の問題などもあり、しかもそれらは個々別々に取り扱われていて、それを統一する理論は十七世紀のはじめにはまだ生まれていなかったようである。統一の試みがうまくゆくゆかないという以前に、ばらばらな理論を統一してみようという気になることが先ず問題だったのである。

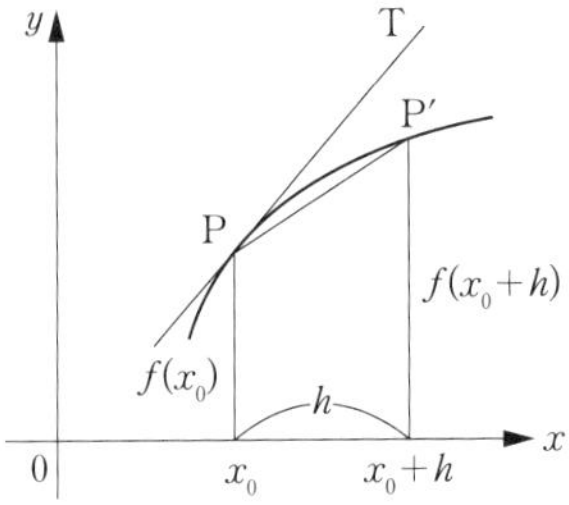

fig. 26

ここで今日の微分学に触れて、今あげた諸問題がそこでいかに統一されているか、一通りざっと見ておこうと思う。こんな簡単なことがなぜ統一できなかったのかという疑問が起こるかもしれない。答はコロンブスの卵と

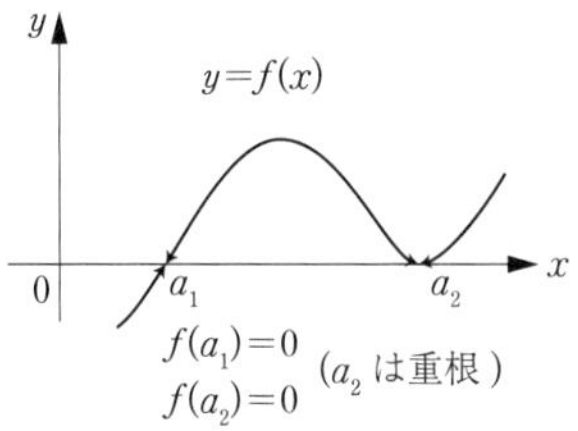

fig. 27

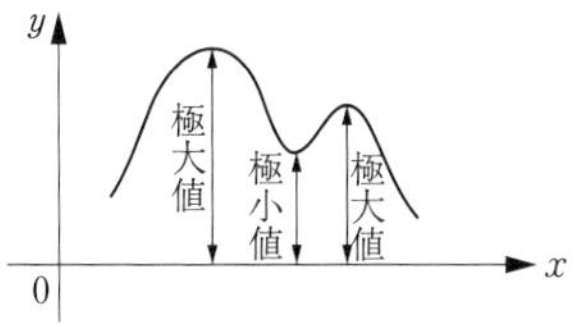

fig. 28

いえばよかろうか。記号法を用いて考えるということは、すでに卵のはじをくだいているのである。

　函数$f(x)$の$x=x_0$から$x=x_0+h$までの間の平均変動とは、$\frac{1}{h}\{f(x_0+h)-f(x_0)\}$のことをいう。$f(x)$が時間に対する走行距離を表わすような場合、その平均変動はいうまでもなくその運動の平均の速さを示す。

　hを0に近づけるとき$(h\to0)$上の平均変動が一定の値αに近づくならば、そのα（極限値）を$f(x)$の$x=x_0$における微分係数といい、微分係数を求めることを、$f(x)$を$x=x_0$で微分するという。運動でいえば、いわゆる瞬間の速さである。

　ここで運動について述べたことを、$f(x)$のグラフについていえば、平均変動は前ページの図の弦$\overline{PP'}$の勾配で、x_0における微分係数の値αは、点Pにおける接線の勾配に相当する。というよりも、〝図形〟でなく〝数〟の計算を重んずる現代的な立場からいえば、グラフの一点Pでの微分係数が求まったときに、その勾配をもつ直線でPを通るものを接線と名づけるのであって、微分係数を求める事が不可能な点では〝接線〟は存在しないと見なされる。この辺は定積分と面積との関係と同様で、要するに現在では、函数を微分すればその函数の示す運動の速さが求まり、同時にグラフに対する接線の勾配が求められて、ひいては接線の方程式も得られるというわけである。

一方、方程式$f(x)=0$の根はグラフと横軸との交点の座標からえられる。特に二つ以上の根が次第に接近して一つになる、いわゆる重根の場合には、前ページ右図のようにグラフはその位置でx軸に接することが確かめられる。これが重根と接線との関係に他ならない。

また$f(x)$の極値というのは、xがほんの少し増しても減っても、必ず函数値が減る（極大値）、または必ず函数値が増す（極小値）という場合の総称である。グラフは極大値のところで山頂になり、極小値のところで谷底となるから、接線が引ける限りはその勾配は0である。すなわち極値を探すにも、微分法が用いられるわけである。

われわれは次に今あげたような種々雑多の問題が、現在のように統一的に処理されるまでの道筋を、極めて大ざっぱに眺めてみることにしよう。

接線法、特に切捨て御免の算法について

曲線に接線を引く問題はギリシャ時代からあった。円錐曲線（円、楕円、双曲線、放物線など）の接線はもちろん、アルキメデスなどはもっと〝高級〟な曲線の接線にまでも言及している。

ここで少し脇道であるが、アルキメデスとほぼ同時代のアポロニオスに触れておく。この人は円錐曲線の研究に新生面を拓いた人で『円錐曲線論』全八巻を残した。第8巻以外はギリシャ語またはアラビア語で今日にも伝わっている。ルネサンスから十七世紀にかけて、ユークリッドの

『原論』、アルキメデスの著作、パッポスの『数学論集』（三八ページ）などと一緒に、この本も極めて大きい役割を果たした。ケプラーが遊星の軌道を論じたり、ニュートンが力学体系をまとめたりしたとき、この本からの知識はふんだんに利用されたのであって、『原論』が専門書であるのと同じように、体裁こそ古いが実質的には現在の普通の解析幾何学書よりずっと程度が高い。

さて時代が下がって十七世紀前半ともなると、円錐曲線以外の〝高等〟曲線への接線がそろそろ問題になってくる。ここで大きい役割を果たしたのはガリレイ一派の運動学で、これにアルキメデスが影響していたことは前にちょっと触れた。そこでは点の運動が曲線を描くこと、およびその運動の瞬間における運動方向が実は接線の方向であることの二つの認識が、新しい一群の曲線を処理する際の基本となったのである。

話が少し前後するが、実は〝流率法〟と呼ばれるニュートン流の微分学自身、この運動学的アイディアに導かれている。これはいわば微分学に到る一つの道として、ギリシャ的伝統を承けついだ幾何学的理論になっているのであって、同じく微分学に到るものでありながら、より記号代数的でしかも原子論的傾向の強いライプニッツの理論とは、はっきりした対照を示している。

さて十七世紀前半の接線の理論で主なものはフェルマの流儀とデカルトの流儀とであるが、肝腎のところは、どちらもかなり荒っぽい。すなわち接線の方程式を出すのに、前に述べた平均変動にあたるhでの割り算を行なった後、今日ならばhを0に近づけて極限値を求めるはずの所を、一挙にhを0とおいて切捨ててしまう。hで割るときは当然0でないとしているのだから、ずいぶん乱暴なやり方で、利用するだけしたら後は切り捨て御免という感がある。

フェルマの極値問題の解法やデカルトの方程式の重根問題なども、hの処理に関してはこれと大同小異である。

このような議論はもちろん多くの批判を受けたのであるが、デカルトやフェルマのような人たちが、この見易い非合理性に気付かないでいたはずはあるまい。結局のところ、これらは代数学的計算規則の一種であって、不可分量の幾何学のある部分と同様、発見のために用いられる手段だったのであろう。考えてみると、$h \to 0$をうたう今日の流儀にしても、大抵の場合（すなわち平均変動がhの連続函数である場合）は、$h=0$の代入ですませられる。それですむ場合と、すまぬ場合との判定（函数の連続性のような）ができていたかできていなかったか、この微妙なところにも十七世紀と二十世紀との一つの差があるといえるのであろう。

2 微分積分学という体系

微分積分学の基本定理

今日、微分積分学の基本定理というのは、大ざっぱにいって微分法と積分法とが互いに逆の算法であることを示す定理であるが、これはこの学問を少し教わった人々に、時としてとまどいを感じさせることがある。というのは、微分することの逆算法が初めから積分することと名付けられていて、こと新しく〝基本定理〟などといわれても、聞く側にとっては何が定理なのか解らない場合があるらしい。ここで両者を逆の算法というのは加法と減法とを逆の算法というのと同じような意味で、例えば函数x^2を〝微分〟すると函数$2x$が得られるが、この$2x$を〝積分〟すると函数x^2+C（Cは定数）が得られて、定数の差を無視すると、もとの函数x^2にもどるというような事情を指す（一六四ページ）。

基本定理の真意を見るには、〝微分〟することは右の通りでよいが、〝積分〟することの方を、前に述べた縦線図形の面積と考える（定）積分のことと理解して、そこからことを始めねばならない（一五五ページ）。

いま函数$f(x)$に対して図の斜線部分の（定）積分$\int_a^x f(x)dx$を考えると、この値は、積分記号の上端にあるxの値、いわゆる積分の上端を変えるにつれて、変化してゆく。すなわちこの積分は積分の上端xとの函数である。これを$F(x)$とおくと、（もとの$f(x)$が連続函数である場合には）$F(x)$の導函数は$f(x)$となることが確かめられる（上図）。いいかえれば、われわれは積分の上端xを動かすことによって、$f(x)$の原始函数の一つを自動的に得たことになるのである（次ページ上）。

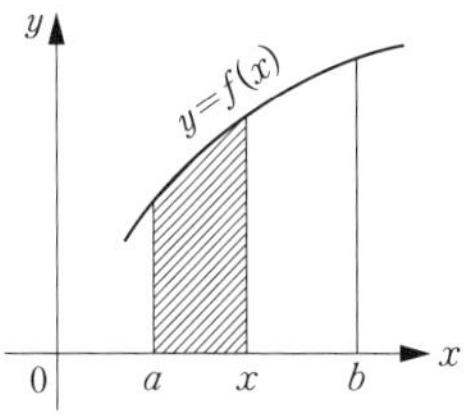

fig. 29

今度は（連続函数）$f(x)$の原始函数$\Phi(x)$を勝手に一つ取ってきたとして考える。（右の$F(x)$もその一例であるが、$F(x)+C$（Cは定数）もすべてその仲間である。）このとき必ず

$$\frac{F(x+h)-F(x)}{h}=\frac{1}{h}\left\{\int_a^{x+h} f(x)\,dx\right.$$
$$\left.-\int_a^x f(x)\,dx\right\}=\frac{1}{h}\int_x^{x+h} f(x)\,dx$$

この右辺の積分を長方形の面積でおきかえる（下図）

$\int_x^{x+h} f(x)\,dx=hf(x_1)$,

(x_1 は x と $x+h$ の中間のある値)

（この右辺で長方形の高さを $f(x_1)$ ととることは，$f(x)$ が連続函数なら必ずできることが確かめられている）

$$\therefore\quad \frac{F(x+h)-F(x)}{h}=f(x_1)$$

$h\to 0$ のとき x と $x+h$ の中間にある x_1 も x に近づくから，両辺の極限値をとって，

$$F'(x)=f(x).$$

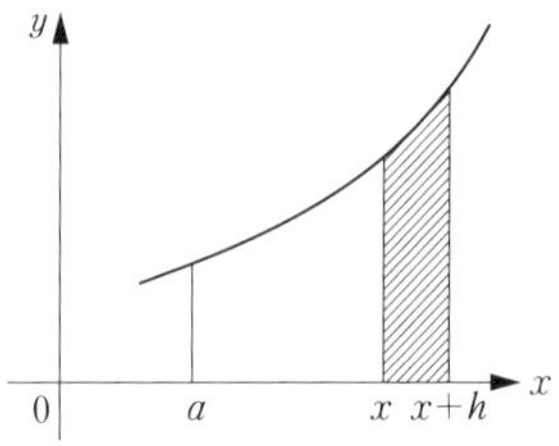

fig. 30

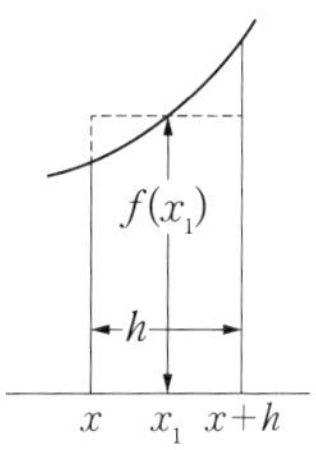

fig. 31

（＊）　$\int_a^b f(x)dx=\Phi(b)-\Phi(a)$,
（$f(x)$ は連続函数）

であることが証明される。してみると $f(x)$ の原始函数を一つでも知っておれば、$f(x)$ の（定）積分はこの右辺によって至極簡単に求められることになる。普通に基本定理というとこの（＊）の形の定理をさすことが少なくない。微分法の逆算法と、求積法とを共に〝積分〟するという一つの言葉で呼ぶ背後には、実はこれだけの事実があるのである。

われわれはこの章の前半で十七世紀の求積法がなかなか面倒なものであったことに触れたが、基本定理が解った上に、微分法の規則が整ったとなると、前に注意したように求積法は著しく簡便化される。しかしそのためには、求積法に比べてずっと弱体であった微分法関係の理論を充実し、特に機械的な記号計算でことが運ぶようにしておいて、微分法およびその逆算法であ

る原始函数の簡単明瞭な求め方を整備しなくてはならない。これらの仕事が一通りでき上がったときこそ、体系的理論としての微分積分学の少なくとも原型が誕生するときに他ならない。次にこの間の事情を少しのぞいて見ようと思う。

接線法と求積法が一つにまとまる

数学史家の中には接線法と求積法が逆の関係にあることを認めた最初の人としてバロウを指す人が少なくない。アイザック・バロウ（I. Barrow）はケンブリッジ大学の教授でニュートンの先生にあたり、後にその椅子をニュートンにゆずった人である。

けれども接線法と求積法とのつながりもまたバロウまで来てにわかに認識されたのではなく、特に曲線の長さを求める問題にからんでは、かなり以前から予想されていたらしい。

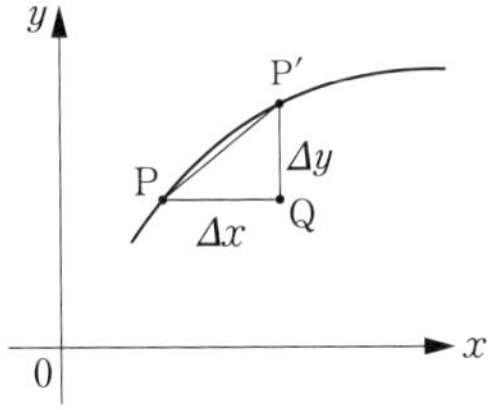

fig. 32

極めて大ざっぱないい方をすれば、少し前で述べた微小三角形PP′Q（上図）の斜辺$\overline{\mathrm{PP'}}$を弧$\overset{\frown}{\mathrm{PP'}}$の近似と見なし、$\overline{\mathrm{PP'}}$の勾配$\Delta y/\Delta x$によってPでの接線の勾配を概算すれば微分法になるし、また斜辺$\overline{\mathrm{PP'}}$を次々につなぐ総和によって曲線の長さを概算すれば長さに関する求積法に、それぞれ近づくとでもいおうか。このような考えは、前にあげた『無限算術』の著者ウォリスや、ウォリスに影響したトリチェリなどに見出される。トリチェリはガリレイの弟子で特に真空実験で有名な数学・物理学者である。

このことをはじめ、いろいろな史料から推測すると、どうも十七世紀の六〇年代から七〇年代の初めにかけて、接線法と求積法とが逆の関係にあることは、いくつもの例によってかなりよく知られており、いわば基本定理のアイディアは空中にみなぎって放電の一歩手前まで来ていたらしい。

問題は、その事実の明確な表現と、その表現を与えかつ機械的計算を可能にする記号法の体系の整備とであった、これがまことに骨の折れる大事業だったというのは、これができたときに微分積分学はすでに事実上でき上がっていたといえば解るであろうか。その後はカヴァリエリ以来の無限小幾何学や、ウォリスの『無限算術』などの生み出していた厖大な結果を、着々とこの新しい記号体系の中にとり入れる仕事が始まるのである。

ニュートンの流率法

流率法と呼ばれたニュートンの微分積分学も、不可分量解析学とか無限小解析学とかと呼ばれたライプニッツの微分積分学も、まさにそのような要求に応ずるものである。前者は運動学的であり、後者はどちらかといえば原子論的であるという違いこそあったが、共に基本定理にあたることを認識し、表現し、ほぼ同等の記号計算の行なえる独特の記号体系を、おそくとも一六七三年までには創り上げていたのである。

ニュートンの名は余りに有名である。彼はケンブリッジ大学の学生時代、学校が閉ざされて二年ほど郷里で過したことがあったが、後の大業の着想はすべてこの時期に起こったと、後年に述懐したという。晩年はむしろ神学者として仕事をした。あるいはむしろ何の学問的仕事もしなかったともいわれている。

ニュートンの微分積分学の理論は、一六七一年頃に書かれた『流率法と無限級数』（一七三六年刊）にある。これは、大きく見れば中世以来の伝統をもつ運動学の上にあって、ケプラー、ガリレイ、バロウあるいはこの本では触れなかった対数のネピアなどの影響を受けている。一方またウォリスの『無限算術』における記号的手法をも承け継いでいる。

彼の方法は大ざっぱにいえば、今まで折にふれて引用した微小三角形を、記号代数的に処理するあたりからことを始めるのであって、例えば $(x+\theta)^n$ のような計算がものをいう。この理論において〝流れ〟(fluentes) というのは運動で、時間と共に変化する量、すなわち今日いう時間の函数であり、〝流率〟(fluctio) というのは〝流れ〟の速さで、今日の導函数に当ると思えばよい。ニュートンは流れを x、y、……で、また流率を $\dot{x}$、$\dot{y}$、……などで示したが、この後の記号は今でも物理学で用いられている。

極限の考え方ははっきり述べられているが（例えば『自然哲学の数学的原理』第一書第一部）、計算の実際では前に切り捨て御免と呼んだフェルマ流の処理法――「hを0でないとしてこれで割り、次にhを0とおけ！」――に対応して、「θが限りなく小さいので、これを含む項を除く」という形がよく使われる（例えば同じく第二書第二部）。次ページの上の例は計算法の骨子を示す

x と y との間に関係

(1)　$rx+x^2-y^2=0$ があるとせよ．微小な時間 θ の後に x は $x+\theta\dot{x}$, y は $y+\theta\dot{y}$ となるが，これらも (1) をみたす：

$$r(x+\theta\dot{x})+(x+\theta\dot{x})^2-(y+\theta\dot{y})^2=0.$$

式を展開して (1) を代入する：

$$\theta r\dot{x}+2\theta x\dot{x}+(\theta\dot{x})^2-2\theta y\dot{y}-(\theta\dot{y})^2=0.$$

$\theta(\neq 0)$ で割る：

$$r\dot{x}+2x\dot{x}-2y\dot{y}+\theta(\dot{x}^2-\dot{y}^2)=0.$$

θ は限りなく小さいので，これを含む項を除く：

$$r\dot{x}+2x\dot{x}-2y\dot{y}=0 \qquad \frac{\dot{y}}{\dot{x}}=\frac{r+2x}{2y}.$$

$\left(\text{今日の記号では，}\dot{x},\dot{y}\text{ は }\frac{dx}{dt},\ \frac{dy}{dt}\text{ であり，}\frac{\dot{y}}{\dot{x}}\text{ は }\frac{dy}{dx}\text{ である}\right).$

ための、現代的記号に直した計算例である。実際の例では多くの場合、無限級数の方法と併用されている。

彼はこのようなやり方で、

(1)　流れの間の関係式から流率を計算する（微分法）、

(2)　流率から流れを計算する（積分法）、

などを処理し、従来の極値問題、接線問題、あるいは求積法の簡易化などを実現したばかりでなく、なお一般に

(3)　流れの間の関係式から流率の間の関係式を求める（微分方程式を立てる）、

(4)　流率の間の関係式から流れの間の関係式を求める（微分方程式を解く）、

などの計算法を得たのである。

けれどもニュートンの最大の功績は力学体系の確立で、それは主著『自然哲学の数学的原理』（一六八七年）に集大成されている。その本ではじめに力学の三法則（慣性の法則、力と加速度と質量との関係、作用と反作用との関係）を、巻頭に掲げ、それ以後、地上の物の運動から大空の星の動きに到るまで広く宇宙万物の運動を論じ、ガリレイの

運動学も、ケプラーの三法則も、すべてその体系の中に包摂した。万有引力という目に見えないものを洞察し、しかもこれを神学や哲学の原理としてでなく、あくまで、数理的自然学の方向の中で処理したことは、考えれば考えるほど重大なことである。これは、自然法則といえば数学的に表わされるものと、常識的に決めてかかっている今日の時代の本ではない。むしろあべこべに、その常識自身がこの書物の成果によって生み出されてきたのである。

実はニュートンについてはなお未知のことがたくさん残っている。公開されていない資料の山があって、その整理は最近ようやく進行しはじめたばかりである。本章で採用したホワイトサイドの論文はこの資料を活用したものである。

ライプニッツの無限小解析学

ライプニッツはドイツの人、哲学、数学、法学をはじめ万般の学に通じ、政治の実際にもたずさわって、いずれも非常な業績を残した。しかも、未完のまま残されたものに比べると、仕上げられたことはむしろずっと少ないのである。当時のドイツは三十年戦争（一六一八〜四八年）の影響で弱っていて、他にこれといった学者も見当らないことまでを併せて考えると、このライプニッツの活躍はちょっと人間業とは思われない。

彼は一六七二年に外交上の用でパリに赴き、そこでホイヘンス達と識りあって数学とのめぐり合いを遂げたらしいのであるが、早くも翌七三年の内には、ホイヘンスの指導の下ででではあろうけれども、もう函数の概念や、接線法と求積法との逆関係などに思いいたっていた形跡がある。時代の雰囲気ということは確かに無視できないが、それにしてもこれは一たいどういう人物なのであろうか。

ライプニッツの微分積分学はカヴァリエリの流れを汲んだ原子論的なものであるが、それとからみ合って〝連続律〟という原理が働いていて、これがニュートンにおける極限概念の役を果たしているらしい。この辺の評価はなかなかむずかしいが、ともかくパスカルからの影響は自らも認めているところで、それがまたニュートンの場合と似て、微小三角形をめぐる考察に関係しているのもおもしろい。

理論の構成はニュートン流の運動学的方向と違って、あくまで接線法、求積法の合理化という線に沿って行なわれた。彼は全く記号法の天才であって、まずdx、dyなどの記号を用いてその間の四則算法を系統的に確立し、次にはそれらの微分形で書かれた式を変形して$\int$記号による積分形を求めるなど、心にくいまでの成果である。dは差を、$\int$はSで和を示す。

この間、もちろんカヴァリエリ以来の幾何学的考察は働いているのであるが、それは次第に表面から隠されてゆき、それと共に記号法の体系が整ってくる。〝函数〟という概念の固まるのも、まさしくこの過程におけるできごとに他ならない。

ライプニッツはこのように極めて巧みな記号法を創設し、かつそれを駆使したのであるが、実は数学における記号法の役割の重さを本当に認識していたのは、このライプニッツが最初ではなかったかといわれている。彼は計算や証明ばかりでなく人間の思考一般がすべてある原子的な働きの結合であって、一切は記号で処理できるに違いないという思想をもっていたらしい。その意味で彼は今日の記号論理学の生みの親と見られるのであるが、さらに人間の思考過程のある部分までも代行している今日の電子計算機なども、その思想の圏内にあるといえぬものでもあるまい。その他にも位相幾何学(トポロジイ)(第Ⅱ部)の着想を示す断片も残っている。重ねていうけれども、全く不思議極まる人物である。

ニュートンの場合と同じく、ライプニッツの数学的思想の展開も、本当の解明はむしろ今後に残されているというべきであろう。

現代的微分積分学への道

ニュートンとライプニッツとの間で、微分積分学の創造の先取権争いがあったことは、かなりよく知られている。しかしここまで辛抱して読みつづけられた読者には、その二つの学問の性格の違いがある程度まで解って頂けたのではあるまいか。二人の間にはお互いに誤解もあったのであろうが、悪意や偏見もなかったとはいえまい。けんかをしたのは取り巻き連中で、当人達は公明正大であったという説もあるようだが、そうとばかりいえない事情もあるらしい。一般に天才必ずしも人格者ではあるまいし、けんかがあっても別に驚くほどのことではない。何れにせよ筆者はあまり興味を覚えないが、ともかくこの争いで損をしたのは、イギリスの学界で、ライプニッツ流の優れた記号法をしりぞけたために、後の学問の発展に相当なおくれをとったといわれている。

一方、ライプニッツの方は、まず巧妙な記号法に支えられ、共同研究者であったベルヌイ一家やその後継者であったオイラーのような人材に恵まれて、着実に十八世紀の欧州にその学問の根を下ろしていった。あるいは記号法がうまくできていたので、後継者も得やすかったのかもしれない。

ところでニュートン流にしろ、ライプニッツ流にしろ、当時の〝微分積分学〟はかなり今日のものとは違っている。今日の流儀はまずこの二つの流儀を止揚し、新しく極限の概念を基礎において理論全体を編成しなおしたもの、と思えばよいのであるが、その方向での最初の功労者は十八世紀のフランスにおける百科全書派のダランベール（d'Alembert）のようである。

この後のことは簡単にしておこう。

まず十九世紀前半になってフランスのコーシ（Cauchy）が、当時までのびのびになっていた微分積分学の論理的基礎づけという問題に踏みこんでいった。彼は変数・函数などの定義から始め、微分・積分の定義なども、先に〝現代的〟として示したものに近い形に整えたり、基本定理も今日と同じような方針で証明したりしたのである。

この上なお残る問題といえば、微分積分学の舞台である実数の概念を、幾何学的なイメージから切放して、数学的に本当に明確にするということであったが、コーシからほぼ五十年たって、デデキント、カントルなどが実数論を建設してこれに答えた。できてみるとこの理論は、Ⅱ章で述べたエウドクソスの比の理論（七一ページ）と非常に近いものであった。それやこれやを考えてみると、この十九世紀の実数論は、メソポタミア代数のギリシャ幾何学化という事件に匹敵するような数学史上の大事件であって、いわばギリシャ時代に〝図形〟に頭を下げた〝数〟が、実数という新手の援軍を得てまき返しをはかり、遂に二千年ぶりに〝数〟の天下を回復したというようなできごとだったわけである。

さて、それではこれで問題は終わったかというと、これらの考察の根底にある無限の概念が相変わらず引っかかりになって、その後もつぎつぎと新しい問題が呼びおこされている。それらは数学基礎論（八二ページ）に受けつがれて今日に及んでいる魅力にみちた話題であるが、ここではこれ以上立ち入ることはできない。

一方、ニュートンに始まった力学ないし物理学の進歩についても、この後いろいろなことがあるわけであるが、そのようなこともここではすべて切捨てて、ただニュートンが人工衛星の可能性を予言していたという事実だけを最後に付け加えておく。考えてみるとこの頃飛びかっているいくつかの人工衛星は、三百年前のニュートンの理論の正しさを、少なくともその精度の範囲においてわれわれに示しているのである。すばらしいことではないか。

第Ⅰ部・参考文献

全般的なもの（特に1、2、3はそれぞれ特色がある。）

1　吉田洋一・赤攝也『数学序説』培風館。

2　中村幸四郎『数学史』新興出版社・啓林館。

3　クライン（中山訳）『数学の文化史』上・下、河出書房新社。
4　ストルイク（岡・水津訳）『数学の歴史』みすず書房。
5　黒田孝郎・近藤洋逸『数学史』中教出版。本文中の特殊項目に関するもの。
6　高木貞治『数の概念』岩波書店。
7　吉田洋一『零の発見』岩波新書。
8　吉田洋一『微分積分学序説』培風館。
9　弥永昌吉『現代数学の基礎概念』上、弘文堂。
10　下村寅太郎『科学史の哲学』弘文堂。
11　下村寅太郎『無限論の形成と構造』弘文堂。
12　三宅剛一『学の形成と自然的世界』弘文堂。

第Ⅱ部

現代数学の背景

第Ⅱ部では、その根底にある抽象化という思想を中心に、数学の現代的な姿をながめてみようと思う。

はじめに、前世紀初頭における代数方程式の研究と、伝統を越えて次々と生まれ出た図形研究を中心に、代数学と幾何学の抽象化以前の姿をふりかえっておこう。

広範な現代数学も、数学的構造を研究するという立場で統一してみるというのが、現今の動向である。こうした根本思想とともに、現代社会に生きる数学の一面にも触れてみよう。

（茂木　勇）

Ⅶ章 数と図形

1　実の数・虚の数

数に関する義務教育

「本番二分前です」と声がかかると、スタジオは急に静かになり、やがて秒読みが始まる。「一分前」……「五〇秒前」……「四〇秒前」……「三〇秒前」……「二〇秒前」。……「よろしくお願いします」。ここで副調室からのプロデューサー氏の声はプツッと切れ、それからあとテーマ音楽が鳴り出すまでの二〇秒間、スタジオは一種異様な沈黙につつまれる。私はいつも無意識のうちに、1、2、3、……と数えはじめてしまう（20までいかないうちに止めてしまうのだが）。これは「数学夜話」放送開始直前のようすである。このような経験は、あまり一般的なことではないだろうが、ほとんど意識しないでも、いつの間にか1、2、3、……と数えはじめているという経験は、誰にでもあるのではないかと思う。毎朝三輛目の電車に乗ることにきめている人なら、電車がホームに入ってくると、いつの間にか1、2、3、……とやる。勤め先で階段を登る、また1、2、3、……である。小学校の一年生あたりなら、階段がすいているとだまっていないで大声で1、2、3、……とやるだろう。このようなわけで、数1、2、3、4、5、……（自然数）は、あたかも呼吸や脈はくと同じように、われわれの意識や行動の中に極めて自然にとけこんでいる。

　小学生は、数え方をおぼえたあとで、長さや量をはかったり、物を分けたりすることから、小数や分数に進み、それらの計算（加・減・乗・除）ができるようになる。

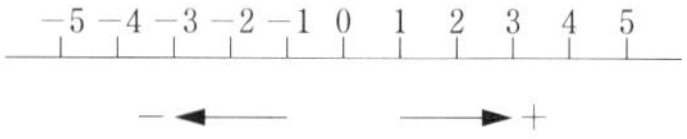

fig. 33

中学へ進むと「負の数」を知るようになる。負の数を理解させるために、数学の先生方はいろいろのくふうをされる。東西に通ずる道で、ある地点を基準にして、東へ1キロメートル進むのと、西へ1キロメートル進むのとでは、同じ1キロメートルでも内容が違っているから、例えば東へ向っていくときは+1キロメートル進むといい、反対に西へ向って行くときは−1キロメートル進むといったらよいと教えてくれるだろう。あるいは、所持金5万円を+5万円としたら、借金3万円は−3万円で表わすことができるというような例も出てくるに違いない。これは負の数が認められ、数学の中にとり入れられようとした頃と事情が大へん良く似ている。例えばインドの数学者達が負の数を理解したときも、これと同じような解釈を与えていた。負の数を、正の数と対照して、右図のように直線上に表わすことができるようになったのは、近世以後である。

ギリシャの数学者達は、一辺が1の正方形の対角線の長さは、分数で表わせないことを知り、それを数として理解するために大へんな努力をした（Ⅱ章）。いまでは、この長さを$\sqrt{2}$で表わすことは、中学生の常識になっている。昔の数学者達が理解に苦しんだものでも、今日ではふつうの中学生が難なく理解して、当り前のことのように使うのであるから、文化の発展、人類の進歩は大へんなものである。とにかく中学を終わる頃には、正方形の対角線でも、長方形の対角線でも、いちいち物指しではからなくとも、辺の長ささえわかれば、それを数で表わせるようになる。必要があれば表を見てその値を小数（近似値）でいうこともできる。$\sqrt{2}$は平方して2となる数、$\sqrt{3}$は平方して3となる数で、このような数は分数で表わすことはできない。小数を使えばいくらでも近い値が出せるが、それはいくら計算してもおしまいにならない。例えば、$\sqrt{2}$は

$$\sqrt{2}=1.41421356237309504880l\cdots\cdots$$

である。これと同じようなものに、円周率πがある。例の

$$3.14159265358979323846\cdots\cdots$$

という数である。円の面積や周の長さを求めるときは、半径の長さとこの値を使って計算する。もちろん、こんなに長い桁数の値を使う必要はない。ふつう近似値として3.14あるいは3.1416が使われている。$\sqrt{2}$、$\sqrt{3}$、πなどは無理数とよばれる数である。無理数にも、$-\sqrt{2}$、$-\sqrt{3}$などの負の数がある。無理数は分数で表わせない数であるが、これに対して分数で表わされる数は有理数とよばれている。分数の中で分母が1のものが整数である。このようにして、中学の上級生が「数」というときは、整数、有理数、無理数（もちろん、これらにはいずれも正負の数があ

る）をひっくるめた全体、すなわち実数のことを指しているわけである。

実数
- 有理数
  - 整数
  - 分数
- 無理数

平方して負となる数

ところで正の数でも負の数でも平方を作ると、いつも正の数になる。いうまでもなく0の平方はもちろん0である。このことから、正の数の平方根は正の数と負の数と二つがあるし、0の平方根は0だけであることも容易に理解される。例えば25の平方根は5と-5である。ところが平方して2や3になる数を整数の中で見つけることはできない。もちろん分数の中にもそのようなものはない。そこで2や3の平方根は、正のものと負のものを合わせて、$\pm\sqrt{2}$や$\pm\sqrt{3}$で表わすのである。±は＋と－を合わせた記号でプラス・マイナスと読む。正の方だけを示すときは符号をはぶいて$\sqrt{2}$や$\sqrt{3}$で表わされるわけである。正の数の平方根を求めるには無理数まで数の範囲を広げておかなくてはならない。

正×正＝正
負×負＝正
$5^2=25$
$(-5)^2=25$
25の平方根は5と-5
$0^2=0$
0の平方根は0

ところで、負の数の平方根はどうなるのだろう。二次方程式

(1)　$x^2=-1$

2次方程式

$$ax^2+bx+c=0$$

の根の公式

$$x=\frac{-b\pm\sqrt{b^2-4ac}}{2a}$$

それぞれの方程式で a, b, c の値をしらべて，この公式で根を計算する．

例　$x^2+x-6=0$

の根は

$$x=\frac{-1\pm\sqrt{1^2-4\times1\times(-6)}}{2}$$

$$=\frac{-1\pm\sqrt{25}}{2}$$

$$=\frac{-1\pm5}{2}$$

$$x=2, -3$$

$i^2=-1$

$i=\sqrt{-1}$

i：虚数単位

というようなものは根が求まらないだろうか。一次方程式は、係数が正であろうと負であろうといつでも根が求められるのに、二次方程式では、こんな簡単なものでも行きづまってしまうのでは甚だ不便である。しかしこれまで知っていた実数の範囲内では、このような式を満足するxを求めることはできない。そこで、数をもう一度拡張して、平方して-1となるような数を新しく導入することにしよう。平方して-1になる数を記号iで表わし、それを虚数単位とよぶ。このiを使えば、(1)の根は$\pm i$であるということになる。

一般に二次方程式が与えられると、根の公式を使って形式的に根を計算することができるが、その場合にもいろいろ問題になることがある。

例えば、二次方程式

(2)　$x^2+x+1=0$

を上の根の公式で解いてみると、根の公式で記号（根号）$\sqrt{\quad}$の中にくる部分が負の数-3になってしまうのである。

すなわち(2)の根は

$$(2')\quad x=\frac{-1\pm\sqrt{-3}}{2}$$

である。このようなときは、-3が-1と3との積であると見て、iを使って

$$\sqrt{-3}=\sqrt{3}\times\sqrt{-1}=\sqrt{3}\,i$$

とかき、一般にこのような負の数の平方根を虚数という。(2′)は±の+をとったものと−をとったものと二つあって、どちらも実数と純虚数（実数にiを掛けたもの）との和の形に書ける。

一般に、a、bを実数として

$$a+bi$$

という形に書ける数を複素数とよんでいる。実数の単位1と虚数単位iと二つの単位で表わされる数という意味である。

複素数の四則演算

複素数も数という限り、やはり加減乗除の演算ができないと、実際に使うのに甚だ不便である。複素数の演算は、一つ一つの複素数の実数の多項式（項がいくつもある式、ここでは項が2つであるから実際は二項式である）とみて、実数の場合と同様な計算をし、i^2が出て来たらいつでもそれを-1でおきかえるようにして計算すればよい。加法と乗法さえきめておけば、減法・除法はそれぞれ加法・乗法の逆算として定義することができる。このようにすれば、iのついた部分

$x^2+x+1=0$ の根は

$$x=-\frac{1}{2}+\frac{\sqrt{3}}{2}i, \qquad x=-\frac{1}{2}-\frac{\sqrt{3}}{2}i$$

これらをそれぞれ ω, ω' とすると，つぎの関係がある。

$$\omega^2=\omega', \quad \omega'^2=\omega, \quad \omega^3=1$$

（これを虚数部分という）を除いてしまうと、実数の演算法則がそのまま行なわれていることがわかる。この意味で、実数は複素数の虚数部分が0になった特別のものと考えられる。複素数は、実数を含んだ、もっと広い範囲の数であるというわけである。

話は複素数という新しい数にまで到達したのであるが、あとにも関係するのでここで特に注意しておきたいことは、実数を係数とする二次方程式の根は複素数の範囲で必ず求められ、しかも一般に2個あるということである。これはあとでのべる代数方程式の代数的解法や代数学の基本定理（Ⅶ－2）にも関連する重要なことがらである。

虚数は実在するか

かつて、ある文科系の人がこんな話をきかせてくれたことがある。学生時代にはじめて虚数を教わったとき、iという数がほんとうに在るのだろうか、またiという数が実在する世界とはどんな世界なのだろうかなどと、いろいろの空想にふけって、iの「神秘さ」に酔っているうちに、学校の授業はどんどん進み、数学がだんだんこんがらがってしまって、数学がいよいよ遠い世界の手のとどかぬところのもののような気になってしまった。それ以来自分は数学の才能がないの

$$(a+bi)+(c+di)=(a+c)+(b+d)i$$
$$(a+bi)(c+di)=(ac-bd)+(ad+bc)i$$
$(a+bi)+z=c+di$ とすれば　$z=(c-a)+(d-b)i$

$(a+bi)z=c+di$ とすれば
$$z=\frac{ac+bd}{a^2+b^2}+\frac{ad-bc}{a^2+b^2}i$$
$z=u+vi$ として u, v を求める．ただし，
$$a+bi=a'+b'i \quad \leftrightarrow \quad a=a', b=b'$$

だと、完全に数学を投げてしまったというのである。

「虚」の数が「実在」するなんていえば、まったく妙な話である。虚という文字からうける印象と、これまでに知っていた数というものの現実性をくらべると、虚数というのは確かに神秘的な感じがするに違いない。数学を味けない形式論とみることなく、その中にある概念や理論について深く考えめぐらすことは数学を理解する上で極めて重要なことである。しかし、数学の立場を忘れていたずらに神秘性を強調し、宙に浮いた妄想に走ってしまうと、これは数学の本筋を完全に離れてしまう。数学の発展過程でも、これまでに知られなかった新しい存在が見い出されたとき、戸惑い、扱いに悩み、時には神秘感さえ持ったという例はいくつもある。

ギリシャ人達がはじめて無理数を発見した頃の当惑、負の数が計算に現われはじめた頃の悩みもさることながら、数の中で最も数学者達に神秘感をいだかせたのはやはり虚数であろう。虚数が発見されたのは、十六世紀初頭、イタリアの数学者達の三次方程式の研究のときである（Ⅳ章）が、虚数に対して数としての厳密な理論が作られ、人々が数としての実在を疑わないようになるためには、けっきょく十九世紀まで待たなくてはならなかった。その間、数学者達はずっと虚数の神秘性とその不

思議な効果に心をひかれ、その本性を解明しようと努力したに違いない。虚数に関する形式的な計算法則は、カルダーノの弟子ボンベリが当時の不便な記号を使いながらもほとんど作り上げていた。記号iを使いはじめたのは十八世紀の偉大な数学者オイラーに至ってからである。また虚数という言葉の印象からうける誤解を防ぐため、複素数という言葉を提唱したのは十九世紀初頭に輝かしい業績を数々残したドイツの数学者ガウス（Carl Friedrich Gauss）である。

虚数の正体をつきとめる

ガウスは、複素数を図形的に表現し、複素数に対する合理的な解釈を与え、複素数につきまとっていた永い間の神秘感を取り除いてしまった。ガウスの考えたのは、複素数

$$z=a+bi,\qquad i=\sqrt{-1}$$

を、直交座標軸の定められた平面上で、x座標がa、y座標がbの点で表わすという方法である。

このようにすると、実数はすべてx軸上の点で表わされ、純虚数はすべてy軸上の点で表わされる。このようにして、平面上の点がすべてある複素数を表わしていると見たとき、この平面を複素平面、またはガウスの平面とよんでいる。この表わし方の効用を少しのべておこ

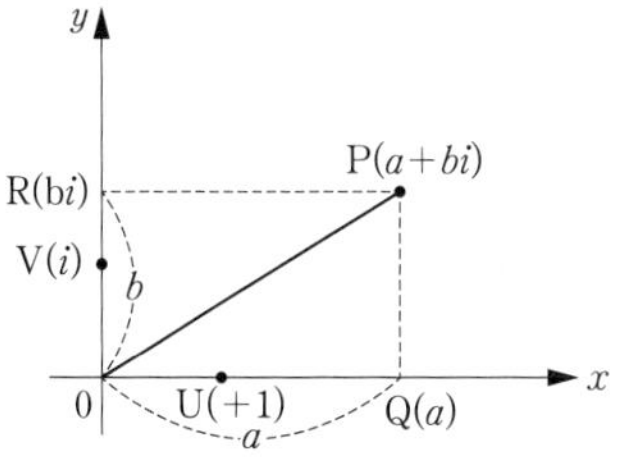

fig. 34

$z=a+bi,\quad z'=a'+b'i$ とすれば
$z+z'=(a+a')+(b+b')i,\quad zi=-b+ai$ となる.

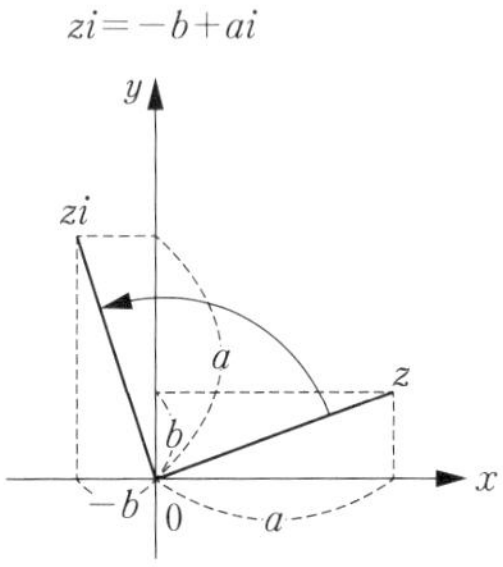

fig. 35

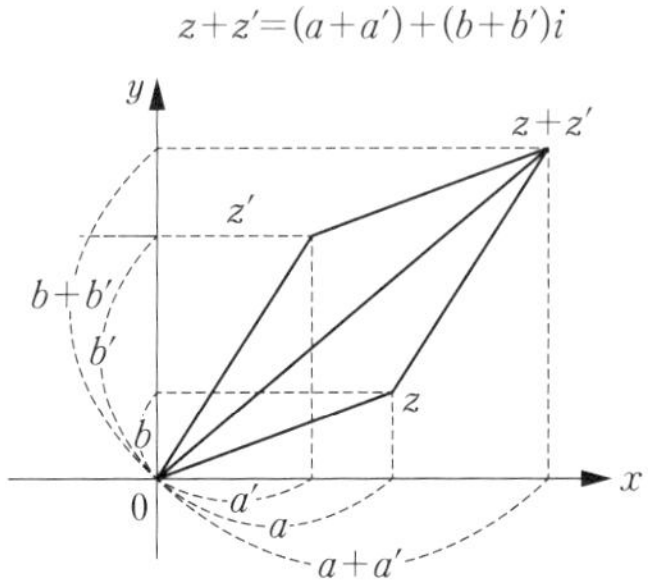

fig. 36

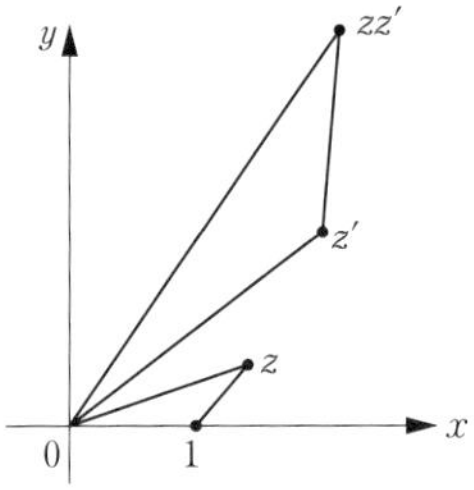

二つの三角形は相似である

fig. 37

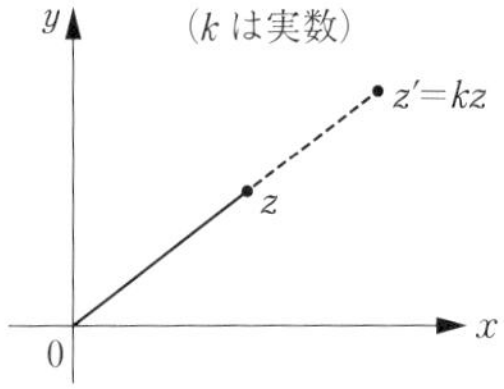

z' は z の k 倍である

fig. 38

う。

　z と z' の和は、O（原点）と z、z' を結ぶ二つの線分を隣り合った二辺とする平行四辺形のOを通る対角線の、Oでない方の端の点で表わされる。また、z に i を掛けたものは、Oと z を結ぶ線分を左まわりに九十度まわした線分の端の点になることもすぐ確かめられる。奇妙な数 i は、ガウスの平面上では九十度回転という操作となって現われる。このように目に見えてくれば、i も現実的になってくるわけである。

i^2が-1になることも、図形的に容易に確かめられる。(fig. 35, 36)

二つの複素数の積や、複素数に実数を掛けたときのことも、図形的に言明できるが、詳しいことは省略して図だけを示しておくことにしよう。複素数の図表示は一七九七年にデンマークのウェッセル(C. Wessel)、一八〇六年にスイスのアルガン(J. R. Argand)が発表したのであったが、残念なことに当時の数学者達の注目をひかなかった。ガウスは一七九九年に発表した「代数学の基本定理」とよばれる有名な定理の証明をするとき、すでに複素数の図形表示の方法を知っていたらしい。しかし、ほんとうに世の数学者達が注目したのは、ガウスが一八三一年に発表した数論の論文(その中での複素数の使い方を良く理解してもらうために複素数の説明を書いた)である。これが多くの人の注目を集めたのはガウスという数学者の偉大さとともに、その論文の重要さがあったからであろう。ガウスによって神秘のベールを取り払われた複素数は、それ以後単に代数の面ばかりでなく、広く解析学の分野にまで浸透し、(複素)函数論という一分科も生まれた。

2 方程式の根を求めて

方程式を解くということ

一次方程式でも、二次方程式でも、方程式の根は、与えられた方程式の係数で書き表わせる。

いいかえると、一次方程式でも二次方程式でも、その方程式の係数を使って、根の公式を作ることができる。これは三次方程式、四次方程式についても同様である。三次・四次の方程式の根の公式も十六世紀に、イタリアの数学者達によって発見されている。しかし、これらは大へん複雑な式で、その根の公式を使って、実際に三次・四次の方程式の根を計算するのは、骨が折れる場合が多い。

三次・四次の方程式の解法が発見されたあと、多くの数学者達は、さらに五次以上の高次方程式についても、やはり根の公式が作れるのではないかといろいろ試みたが、その努力はいずれも失敗に終わり、誰一人目的に達する者がないまま、約三百年の時が流れてしまった。

しかし、十九世紀にはいってから、アーベル（Niels Henrik Abel）とガロア（Évariste Galois）は、五次以上の方程式に対しては根の公式を作ることが出来ないという決定的な解答を与え、方程式を解くという問題に完全な終止符を打った。

われわれが、これからあと何の断わりもなく方程式とよぶのは、前に出たようないわゆる代数方程式であると思って頂きたい。例えば二次方程式を解いたとき、その根は、与えられた方程式の係数と、なんらかの定数に

$+$、$-$、$\times$、$\div$、$\sqrt{}$

などのいわゆる代数的演算を施して求められる。（三次方程式ならばさらに $\sqrt[3]{}$ などがはいってくる。）一般にこのようにして根の公式が作れるとき、その方程式は代数的に解けるという。もちろん方程式の根というのは、その方程式の未知数のところにその値を代入すれば、その等式が成

り立つような値のことで、あるだけの根をすべて求めることが方程式を解くということである。

数学では、何百年もかかって解けなかった問題とか、これまでの方法や問題の捉え方では不可能であったという難問の研究から、しばしば飛躍的な展開のきっかけが生み出された。数学史上そのような例がいくつか数えられる（Ⅳ章）。いま当面している「方程式を代数的に解く」という問題も、その良い一例である。数学者の活動期間は、その人の一生の間のすべてではないから、三百年といえば、数学者にして何代もの世代にわたって引き継がれていた研究であったはずである。その一つ一つを拾い上げることはとてもできる相談ではない。もちろんアーベルやガロアの解決以前の研究がすべて無駄であったというのではない。そのうちのいくつかの研究は、彼等の解決への重要な示唆となり、また他の研究部門への新しい道を開いたものもある。大きな解決は、天才の出現を待たなくてはならないが、それとても、天才だけが急に解決するのではない。幾多の研究のつみ重ねの上に天才の飛躍が生まれるのである。

天才の栄光

数学者達の後継者から後継者へと引き継がれながら、失敗に失敗を重ねていた五次以上の方程式の代数的解法の研究において、当然のことながら、十八世紀末には、「五次の方程式は代数的に解けないのではないか」と考える数学者が出て来た。

それまでは、積極的に根の公式を求めようと努力していたのにくらべ、大へん消極的な方向をとるように感じるかもしれないが、数学の研究上では、これは決して退却を意味するものではない。数学では、不可能を証明することも、最も積極的な攻撃の一つであって、この方向転換は極めて重要であった。一八二四年に、一般の五次方程式の解法に関して、ノルウェーの若い天才アーベルの画期的な論文が発表された。アーベルは、僅か二十七年の短い生涯に、数学の極めて多方面にわたる業績をあげたが、彼の輝かしい業績の一つは、実に三百年におよぶ数学者苦闘の歴史に終止符を打った「五次以上の方程式は代数的に解けない」という定理の厳密な証明である。しばらく彼の言葉に耳を傾けてみよう。

「代数学における興味ある問題の一つは、方程式の代数的解法に関するものである。それは、すぐれた数学者のほとんど全部がこの問題を取り扱ったことを見てもわかる。四次以下の方程式の根を一般的に示すことは、問題なくできるので、この方法が任意の次数の方程式にもあてはまるものだと信じられていた。ところがラグランジュをはじめ、他のすぐれた数学者達が努力したにもかかわらず、その目的に到達することはできなかった。そして一般の方程式の代数解法は不可能ではなかろうかと疑うようになった。しかしこれを決定的にいうことのできる材料は何もなかった。そこで可能とか不可能とかいうことを問題にせずに、方程式を解くことばかり苦心していた者もあった。また解法らしいものに到達した者もあった。しかしそれは決して確かなものではなかった。

ところで、解法がないならば、何年かかって探してみてもみつかるものではない。何物かをつかもうと思うならば、他の道を歩まなくてはならない。他の問題でもそうであるが、まず解ける形に問題を変形しなくてはならない。存在するかしないかわかりもしない関係を探すよりも、このような関係が起こりうるかどうかを研究しなくてはならない。問題がこんなふうに提出されるならば、その言葉の中に解答が芽ばえているし進むべき道も示されている。このようにすれば、計算が複雑なために完全な解答が得られないことはあっても、何も結論が出てこないということは、ほとんどあり得ないと信ずる」と。

彼は問題を

(1) 与えられた次数の方程式の中で、代数的に解けるものをすべて見つける。

(2) 与えられた方程式が、代数的に解けるかどうかを決定する。

という二つに転化した。幾多の難関と戦い、夜の区別もつかないほど休みない研究を続けて、遂に輝かしい栄光をかち得たのである。

情熱の彗星

少したって、数学的エネルギーに満ち満ち、情熱にあふれた天才ガロアが彗星のようにパリの空に輝いた。ガロアは、五次以上の方程式が代数的に解けるための必要十分条件を、極めて広い理論の中で考え、一般の五次以上の方程式が代数的に解けないことを示した。

彼はエコール・ポリテクニックに二度も入学を拒まれ、三度目に他の学校に入学はしたものの、一八三〇年の革命に共和主義者として参加し、放校され、投獄され、やがて恋愛問題にからむ決闘をして二十歳の若さで突然この世を去ってしまったのである。決闘の前夜、一人の友人に書き残した痛ましい手紙は「親愛なる友よ！　私は解析学における新発見をしたのだ」という言葉に始まり、到る所に「時間がない！」「もう時間がない！」と書かれていた。夜が明ければ生死を分ける恐怖の決闘が待ちかまえているその夜、迫る時刻を気づかいながら夜を徹して書き記されたその手紙の最後は、つぎの文章で終わっている。

「私はきょうまで、自分に不確かと思われることを明らかにしようと努力してきた。上に書いておいたおもなものは、最近一年間私の頭の中にあったものだけであるが、完全な証明をしないで、定理だけを書いたのではないかと疑う人もいるだろうと、それればかりが気にかかっている。ヤコビかガウスに、これらの定理の重要性について——真偽についてではない——の意見を公然と求めて頂きたい。あとでこの混乱（ce gâchis）の全部を判読することが、自分たちに有益であるとわかる人が出てくることを望んでいる。

大変迷惑をかけて申訳ない」

彼の最後の望みも、すぐには達成されなかった。遂にヤコビにもガウスにも批判してもらうことができなかった。一八四六年になってリューヴィル（Joseph Liouville）が、ガロアの論文の大部分を、彼の名がついている数学雑誌（一八三六年から発行）に発表するまでは、一般の数学者達には知られなかったのである。彼の絶筆の中には、まれに出る天才だけが成し得る画期的な理論が含まれていた。それはガロアの理論とよばれるもので、十九世紀における最も著しい数学的成果の一つに数えられている。ガロアの理論は、今日では代数学の一つの大きな理論体系として完成され、方程式が代数的に解けるかどうかも、その理論の中で証明されるのである。残念ながら、ここではガロアの理論についてその一部に触れることさえもできない。

ラグランジュが四次方程式の研究において用いた根の置換の思想は、ガロアに至って置換群の理論として開花したが、ガロアの論文も、発表された当時はほんの僅かの人々しか注目していなかったのである。ガロアの論文が発表された頃には、コーシー（Augustin Cauchy）もすでに群論の論文を発表し始めていた（一八四四〜四六年頃）。

群論の思想は、その後数学の各部門に決定的な影響を与えるようになった。群論の重要性は、やがてジョルダン（Camille Jordan）、クライン（Felix Klein）、リー（Marius Sophus Lie）などの研究によって、しだいに認められ、いまでは、群論なしに現代の数学を語ることは難しい程になっている。群とはどんなものであるかについては、あとでまた触れる機会があるだろう（Ⅷ章参照）。

方程式の根の存在

方程式の代数的解法の問題は、後の人々によって理論の改良はあったとはいえ、アーベル、ガロアによって完全に解決されたわけである。しかし、代数方程式の問題には、これを代数的に解くということだけではなく、とにかく根があるか、ないかという、「根の存在」に関することがある。四次以下の方程式については、前にものべたように、すでに十六世紀に根の公式ができ上がり、代数的に解けてしまったのであるから、実際に根が存在して、しかも根の数は、その方程式の次数と同じであることがわかっていたわけである。

ところが、五次以上の方程式については、十九世紀に至るまで、根の公式が作れるかどうかさえもわからなかったのであるから、その立場の人々にとっては、五次以上の方程式について、根がいつでもあるかとか、根の数は何個あるかということをはっきり答えることはできなかったはずである。もちろん、すべての数学者が、根の公式を作ることだけを追っていたわけではない。すでに十七世紀に「n次方程式は、実数あるいは虚数の、相異なるあるいは等しいn個の根を持つ」ということをのべた数学者もあった。

しかし、それは、信ずることはできないような推論によって導かれた結論であった。四次以下の方程式においては、確かにこれが正しいのであるから、その数学者はこの命題に確信をもっていたかもしれない。ただここでは、「根がいくつある」というだけで、その根が代数的に求められるかどうか、ということはまったく問題にしていないという点に注目しなくてはならない。この命題に対して、正確な証明を与えようという試みが十八世紀の著名な数学者達によってなされていたことも知られている。

ダランベールも、オイラーもラグランジュもこれに立ち向ったが、遂にこの命題に対する完全な証明を与えることはできなかった。

代数学の基本定理

これについて厳密な証明を与えたのは十八世紀もまさに終わろうとする一七九九年、近代数学の王者となった早熟の天才ガウスの学位論文であった。いまでは、この命題を代数学の基本定理とよび、一般につぎのようにのべられている。

代数学の基本定理。

「複素数を係数とする、n次の代数方程式は、複素数の範囲でちょうどn個の根をもつ」。この定理は、根の存在をのべているだけではなく、その根がやはり複素数の範囲内にあるという強い主張をふくんでいる。

二次方程式

$$ax^2+bx+c=0 \qquad a\neq 0$$

は、これまでにたびたび引合いに出したが、いつも係数については漠然とのべていた。しかし、実は暗々のうちにa、b、cは実数であるとして話を進めていたのである。根の公式を使えば、a、b、cが実数であってもその根は複素数になる場合があることも、すでに調べてある。代数方程式の基本定理を使うまでもなくa、b、cが複素数の場合でも、この方程式の根がやはり複素数になることは根の公式からすぐわかるだろう。このことは二次方程式に止まるものではない。三次、四次方程式、いや代数的に解くことのできない五次以上の方程式についても同じであるというのが代数学の基本定理の主張なのである。五次以上の方程式は、それを代数的に解いて根の公式を求めることはできないけれども、その根となる複素数は必ず存在するはずだと主張しているのである。

アーベルが、五次以上の代数方程式が代数的に解けないことを証明したとき、ガウスはすでに当代の大御所で、まさしく数学界に君臨していた。青年アーベルは、その論文「代数方程式に関する論——五次の一般方程式を解くことが不可能であることの証明」をガウスに見てもらおうとした。ところがこの表題には「代数的に解く」ということが明示されないで、単に「解く」となっていたため、代数学の基本定理が証明されたあとではまったく話にならないことであるとして相手にされなかったので、ガウスを大へんうらんだという話が伝えられている。

なお、われわれが、方程式の根を求めることから数の範囲を拡張するという立場で進んで来たことをふりかえるならば、代数学の基本定理によって、方程式の根という立場ではもう複素数以上に数の範囲を拡張する必要はないという安心感に達するわけである。

しかしながら、ここで実数から複素数へと進んだその過程をつぶさに考えてみる必要がある。われわれは方程式を解くということだけを一応の目標にして来た。そして複素数というものに到達したのであるが、ここで、数というものの本性も捉えておかなくてはならない。実数の演算との類似を追ったその考え方はどのようにして正当づけられるだろうか。その数とは何かという問に対してはあとで詳しくのべることにして（Ⅷ章）、こんどは幾何学の方面に目を転じてみよう。

3　ユークリッドの幾何学を超えて

平行線の問題

「一直線l上にない点Pを通って、lに平行な直線がただ一本だけひける」ということは、平行線に関する極めて常識的なことがらであろう。これは現在の教科書で「平行線の公理」とよばれているものであるが、ユークリッドの『原論』で平行線についてのべられたものは、これと少し違った形の命題である。『原論』の第五公準（Ⅱ章）が平行線の公準ともいわれるものであるが、それはもっと複雑な文章でのべられている。その第五公準なるものが、いかにも長い文章で、外観も大へん複雑であったということは、ユークリッドがこれを公準として掲げたときの苦心の程を表わしているようにも考えられる。他の公理・公準はどれも文章が短かく、単純な表現をもっていて、内容は誰でも自明のことと思われるものばかりであったのに、この第五公準だけは、余りにもようすが違っていた。これは一見して誰にでも感じられるように、ほかのものより多分に定理らしい形の命題になっている。そのため、古くからこの第五公準はそれ以外の公理・公準を使って証明のできる「定理」なのではないかと疑う人がいた。幸か不幸か、この疑いは誤っていたのであるが、この疑惑ほど多くの数学者を悩まし続けたことも数学史上稀である。

五世紀頃、ユークリッドの『原論』の注釈書を書いたプロクロス（Ⅱ章）という人は、その書の中でこの疑いをもっていたことを明らかに示している。アラビアや中世ヨーロッパの数学者達も、第五公準を証明しようと試みたことが知られている。それ以後にも、これについては多くの数学者達の失敗が記録されている。大へんな苦労が十九世紀まで続けられ、なかにはその証明ができたという人も何人かあった。しかし、それらはどれもこれも考え違いがみつけられて、成功の喜びも空しく消え去ったのである。

しかし、方程式の研究においてもそうであったように、失敗がすべて無駄であったわけではない。その中のいくつかは——第五公準の証明という目的は達成できなかったが——第五公準のもつ本来の意味を解明するために大いに役立った。もちろん第五公準を、これと同等な他の命題でおきかえても、全体の理論には影響がない。そのようないい変えの一つが現在の教科書でふつうに使われている平行線の公理である。また、この公準は「三角形の内角の和は二直角である」という命題でおきかえてもよいことも証明できる。ルジャンドル（Legendre）も、第五公準を証明するためには、第五公準を除いた他の公理・公準だけから、三角形の内角の和が二直角であることを証明すればよいという立場に立ち、極めて精巧な推論を展開したのであった。しかし、不幸にもその証明にも誤りがあった。このような立場に立つ研究では、一世紀も前にイタリアの僧侶サッケリ（Saccheri）の重要な結果があったことがずっとあとでわかった。

サッケリの研究

サッケリの研究は、ユークリッドによって建設された幾何学の本質を明らかにし、新しい幾何学を生み出す一歩手前まで到達していたのであるが、遂にその最後の一線を踏み超すことはできないで終わっていた。この研究のほんとうの意味が理解され、彼の功を惜むようになったのは、やはり十九世紀になってからである。彼の考え方はつぎのようなものであった。

まず、一つの線分の両端A、Bにおいてこの線分の同じ側に垂線を立て、それぞれ等しい長さに切って、その端をCおよびDとし、CとDとを結んでおく。このとき∠Cと∠Dが等しいということは、第五公準を使わなくとも証明できるのであるが、これら二つの角が直角であることを証明しようとすると、どうしても第五公準が必要になる。そのことから、彼は次の三つの仮定をおいた。

(1) 一般に∠Cと∠Dは直角である (直角仮定)
(2) 一般に∠Cと∠Dは鋭角である (鋭角仮定)
(3) 一般に∠Cと∠Dは鈍角である (鈍角仮定)

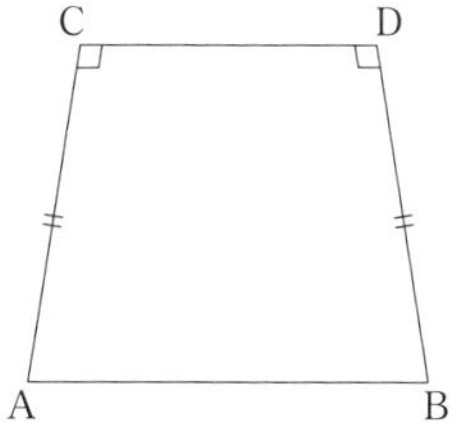

fig. 39

この三つの仮定のおのおのに対して、彼はそれぞれの結論を導いた。

一般の三角形の内角の和は
(1)が真ならば二直角である。
(2)が真ならば二直角より小である。
(3)が真ならば二直角より大である。

こうした結論を得た彼は(2)、(3)という仮定は真でないことを証明することに集中した。というのは、起こりうる三つの場合のうち、二つが真でなければ、当然残る一つが真であるということになるからである。彼は自らその証明が出来たものと信じた。しかし、その証明も誤りだったのである。

サッケリの到達した三つの仮定は、実に重要であった。しかし、あとでわかるように、この三つのおのおのの場合がそれぞれ別の幾何学の事実であるということに気づくには、当時ユークリッドの権威が余りにも偉大すぎたのであろう。ユークリッド幾何学がすべてであって、これに反するものはあり得ないと信じていたその頃の思想背景からは、この一線をのり超えて、おのおのの場合の幾何学を作り出すということはとても考え及ばなかったに違いない。

幾何学の思想革命

第五公準そのものは、ユークリッド自身にもその設定に抵抗を感じていたふしもあるとさえいわれている。それから二千年にわたる長い歴史の中で、数々の学者達がいろいろの努力をしたが、それをどうすることもできなかったという事実は、人々に第五公準の証明ということに対する疑いをもたせるに十分な材料ではあった。しかし、それが不可能であるという論理的根拠さえもつかめてはいなかったのであるから、「平行線問題」についての不安と不明朗さが消え去ったわけではない。このような行きづまり状態を強引に突きぬけたのは、二人の数学者ロバチェフスキ(N. I. Lobachevcski)およびボヤイ(J. Bolyai)である。

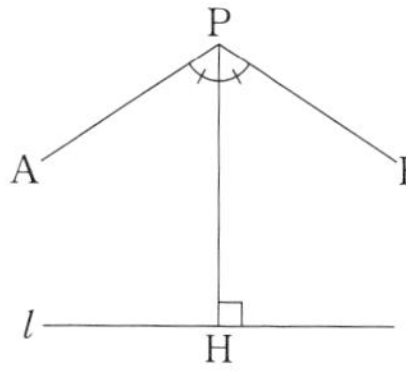

fig. 40

1直線 l 外の点Pから l に垂線PHをひき，Pにおいて PH と等しい鋭角をなす2直線 PA, PB をひく．このとき∠APB内を走る直線は l と交わり，そうでない直線はすべて l と交わらない．

ボヤイは父の業績をうけついで研究を完成し、自分の幾何学を絶対幾何学と名づけたのであるが、偶然にもそれがロバチェフスキの作った幾何学と本質的に同じものであった。彼等は、第五公準を別の性格の命題でおきかえるという、極めて大胆な方法をとった。ユークリッドの第五公準を否定する命題を第五公準の代わりにとり、他の公理・公準をそのままにして、一つの新しい幾何学ができることを示したのである。彼等が第五公準の代わりに使った命題は上に掲げるようなものである。

彼等はまさにユークリッドに対する反逆児である。この幾何学では、もちろんユークリッド幾何学で第五公準を使わずに証明できる定理はそのまま成り立つ。例えば三角形の合同定理などはそのまま出てくるわけである。ただ、第五公準を使うところでは、それを上に示した命題でおきかえて推論を進めていけばよい。ところがこの部分の違いが、実は前にのべたサッケリの仮定の一つに対応する結論を導くのである。この幾何学で成り立つ二、三の命題を掲げてみよう。

(i) 一つの線分の両端A、Bにおいて、この線分の同じ側に垂線を立て、それを等しい長さに切って、それらの端点をそれぞれC、Dとする。CとDを結ぶと∠Cと∠Dは等しく、それらは鋭角である。(サッケリの鋭角仮定)

(ii) 三角形の内角の和は二直角より小さい。

(iii) 三角形の面積は、二角形の内角の和を、二直角から引いた差に比例する。

これらを見ると、サッケリの鋭角仮定が実はこの幾何学の場合であったことがわかる。この幾何学を、ロバチェフスキの幾何学という。

ロバチェフスキの幾何学の誕生は、幾何学における一大革命であった。ユークリッド幾何学が二千年にわたる不動の地位を保っていたのに対して、革命児達がもちこんだこの幾何学は、人々に大きな不安をいだかせた。一体どちらの幾何学が本物なのか。どちらの幾何学に従うのが正しい立場なのだろうか。目前の利害の問題ではない。精神のよりどころ、学問の真偽の根本問題である。彼等は解決よりもむしろ不安をもたらしたというのが実状であろう。

ロバチェフスキ幾何学の模型

ロバチェフスキの幾何学で成り立つ命題の例の中で、(iii)をみてみよう。ここで比例定数をkとでもすれば、三角形の面積は二直角のk倍よりは小さいはずである。三角形をどんなに大きくかいてみても、その面積が二直角のk倍より小さいというならば、そもそも考えている平面自身の広がりが制約されているということになるだろう。これもまたユークリッド幾何学とはようすが違っている。平面は限りなく広がっているという通念をも否定してしまうのである。

こうなってくると、奇異の感はますますつのるばかりである。しかし、ユークリッドの平行線に対する公準にしても、われわれがそれを実際に確かめるというような筋合いのものでないだけに、ロバチェフスキ等のとった立場をむげに否定して、ユークリッドにつくというわけにもいかない。こうした論議は目の前にそれを信ずるに足るモデルを示すことによって決着がつけられる。そのモデルを作ったのは、ベルトラミ（E. Beltrami）、クライン（F. Klein）、ポアンカレ（H. Poincaré）などであった。

彼等はユークリッド幾何学の図形を使ってロバチェフスキの幾何学の成り立つ模型を作り上げ、ユークリッド幾何学が正しい限り、ロバチェフスキの幾何学も正しいということ、すなわち、二つの幾何学は両立するものであるということを示した。ユークリッド幾何学が矛盾を含まないなら、ロバチェフスキの幾何学も矛盾を含まないというのである。これによって、両幾何学は、一方が正しくて、他方が偽りであるということはあり得ないことがわかり、両幾何学の真偽論争に決着がついたわけである。簡単にポアンカレの模型についてのべておこう。

ユークリッド平面上に、定円Cをかき、その内部をDとする。平面上でDの部分だけを考え、この部分にロバチェフスキの幾何学が成り立つように、点や直線を定義する。

点はそのままユークリッド平面の点とする。直線とは、ユークリッド平面上で、Cと直交する（Cとの交点でおのおの接線が垂直である）円の、D内にある部分（円弧）とする。

このようにすると、ユークリッドの公準の第一から第四までと、先にのべたロバチェフスキの仮定がすべて成り立つことが確かめられる。

この図から、一直線l外の点Pを通り、lに平行な直線が無数に存在

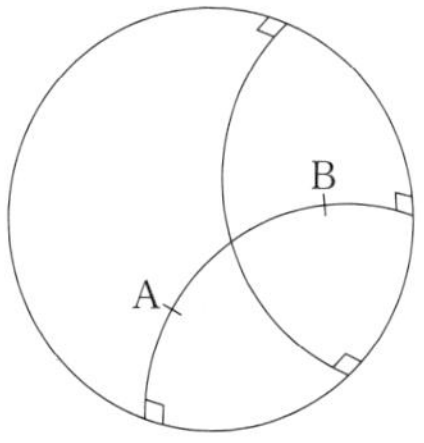

fig. 41

することもわかるだろう。これは、直線外の一点を通り、これに平行な直線がただ一本であるという、平行線の単一性を否定するものである。

ポアンカレは、この模型を作ったばかりでなく、この幾何学を微分方程式など他の部門の研究にも活用し、ロバチェフスキの幾何学が単なる論理的遊戯の産物ではなくて、数学として重要な活用面をもっていることをも示したのであった。

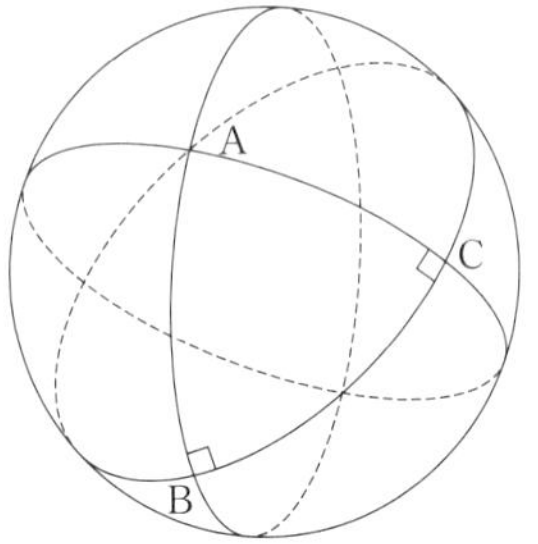

三角形 ABC で, ∠B, ∠C を直角とすると,
∠A＋∠B＋∠C
は二直角より大きい.

fig. 42

リーマンの幾何学

ロバチェフスキの幾何学が、サッケリの鋭角仮定に対応する幾何学であるなら、彼の鈍角仮定に対応する幾何学は何であろうか。鈍角仮定から出発しても新しい幾何学ができることを示したのは、ドイツのリーマン（B. Riemann）であった。この幾何学がどんなものかを説明するためには、ふつうの球面上で考えるのが一番わかり易い。

球面（球の表面）全体を平面と考え、大円（球の中心を通る平面で切ったときの切り口の円）を直線、点はそのまま点と考えればつぎのことが確かめられる。

(1)　二点が直径の両端になっていなければ、二点を通る直線がただ一本ひける。しかし二点が直径の両端になっていると、その二点を通る直線は無数にある。
(2) 二直線は必ず二点で交わる。したがって平行線は存在しない。
(3) 三角形の内角の和は二直角より大きい。

このことから、球面全体で考えると、第五公準がくずれることは確かであるが、(1)で示すように、直線が二点できまるという性質もくずれてしまう。

そこで、球面を半分だけ考えるとつごうがよい。ただしこの場合にへりになった大円上では、直径の両端になっている二点は同一の点であるとみることにするのである。例えば、図で境界上の点Aから出発して、大円の弧上を矢印の方向へ進み、A′(AとA′とは直径の両端)に達したとたんに、これはAに達したとみる。このようにしておくと、この半球面上では、つぎのことが確かめられる。

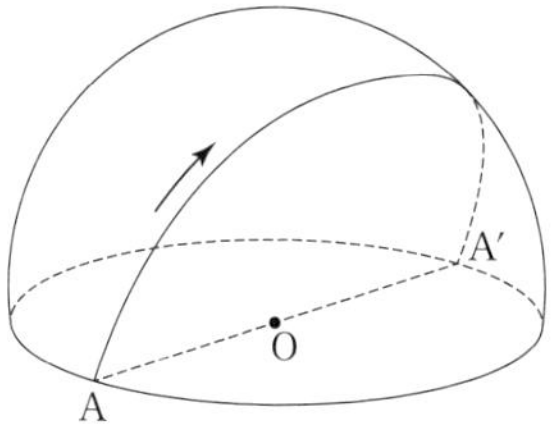

fig. 43

(i) 異なる二点を通る直線はただ一本ひける。
(ii) 異なる二直線はかならず一点で交わる。したがって平行線は存在しない。
(iii) 三角形の内角の和は二直角より大きい。

もちろん、サッケリの鈍角仮定が成り立つことも、図をかいてみれば大して困難なく理解されるだろう。

こうして、ここに新しい幾何学ができ上がるというわけである。詳しい説明にはいるためにはもっと準備が必要になるので、ユークリッド幾

項目 / 種類	直線外の1点を通る平行線	三角形の内角の和	サッケリの仮定
楕円的幾何学	ない	2直角より大	鈍角仮定
放物的幾何学	1本	2直角	直角仮定
双曲的幾何学	無数にある	2直角より小	鋭角仮定

Table. 1

何学と異なる二つの幾何学（これを非ユークリッド幾何学という）の、特徴的なところを比較するだけに留めておこう。二つの非ユークリッド幾何学は、サッケリの三つの仮定の中の二つに対応しているわけであるから、サッケリの仮定に対応して、ユークリッド幾何学とともに三つの幾何学が一つの系列に並ぶことになる。そこで、この三つの幾何学を楕円的幾何学（リーマンの幾何学）、放物的幾何学（ユークリッドの幾何学）、双曲的幾何学（ロバチェフスキの幾何学）とよぶこともある。

これら三種の幾何学については、いろいろの特徴づけの仕方があるが、最もわかり易い例で示せば、上の表のようになる。

遠近法と透視図法

幾何学を習い始めると、間もなく三角形の合同に関する定理が出てくる。三角形の合同定理というのはつぎのようなものである。

◇三辺の等しい二つの三角形は合同である。
◇二辺とその間にはさまれた角の等しい二つの三角形は合同である。
◇一辺とその両端にある角が等しい二つの三角形は合同である。

これはユークリッド幾何学を学んだ者にとって、最もなじみ深い定理ではないかと思われる。また、前に無理数のところで、正方形や長方形では、辺の長ささえわかれば、直ちに対角線の長さが求められるということをのべたが、その計算をするには、いわゆるピタゴラスの定理

「直角三角形の、直角をはさむ二辺の長さの平方の和は斜辺の長さの平方に等しい」

を使えばよい。これも大へん良く使われる有名な定理である。

ここにのべた定理は、いずれも線分の長さとか角の大きさとかに注目して出て来た定理である。線分の長さや、角の大きさを無視しては考えられないものばかりである。ところが、「いくつかの点が一直線上にある」というような命題は、それらの点の間隔がどうであるかというような距離的なものはまったく関係のないことである。二点を通って一直線が定まるとか、異なる二直線が交われば、その共有点は一点であるというようなことも同様である。そこで、図形の性質のうちで、こうした距離とか角とかに関係のない部分だけに注目したら、どんなことになるだろうか。それについて考えてみよう。

例えば、まっすぐな道の片側に、等間隔に電柱が立っている場所を写生したとしよう。ふつうは、遠くへ行くに従って電柱の間隔をせまくし、長さも短かくして、道路の幅もずっと先の方はせまくなるように画くだろう。いわゆる遠近法によって、いかにも画面の絵が実物とそっくりであると感じるようにくふうするわけである。実際に写生をするときは、大体の感じで画くのであるが、こうした画き方をある一定の規則に従ってしようというのが、いわゆる透視図法である。透視図法についての詳しい説明はできないが、その大体の考え方を示しておこう。

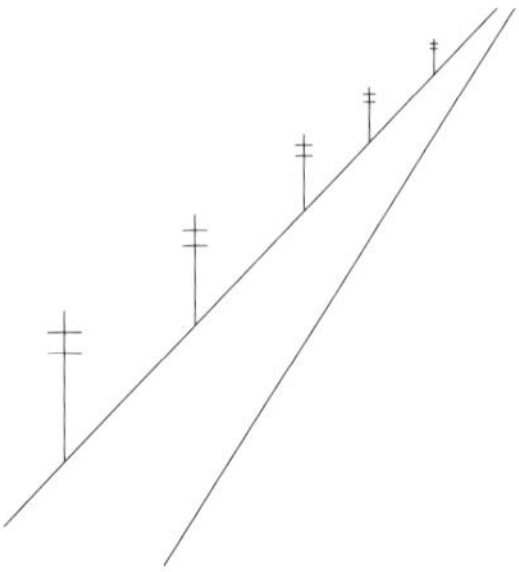

fig. 44

左ページの図は、道路のある平面をπ、これに垂直な平面をπ'として、一点Pからπ上の道路を見たものをπ'上にうつすようすを表わしたものである。道路の両側は平行な直線であるとし、これをl、mとしておく。例えばl上の点QをPから見たとき、視線はPとQを結ぶ直線であるから、これとπ'との交点をRとする。π上の点Qを、π'上ではRで表わすことにすると、この方法によって、π上の点はすべてπ'上に表現できる。このときπ上で平行な二直線l、mが、π'上ではSで交わる二直線l'、m'によって表現される。もちろんπ上でl、mに平行な直線はすべてSを通る直線としてπ'上に表現されるはずである。また、l上に等間隔に並ぶ点は、Pから遠ざかるに従ってl'上ではしだいに間隔がせまくなっていくことが確かめられる。

平面π上の図を、このようにしてπ'上に表現することを、いまのような見取図を使わずに、ある定まった規則に従ってするのが透視図法である。ここで問題にしようというのは、この図法そのものではなく、π上の図とπ'上の図との相互関係についてである。

射影・截断による不変性

いま透視図の説明をした図をもう一度よく見ておこう。ここで、π上の図とπ'上の図との関係

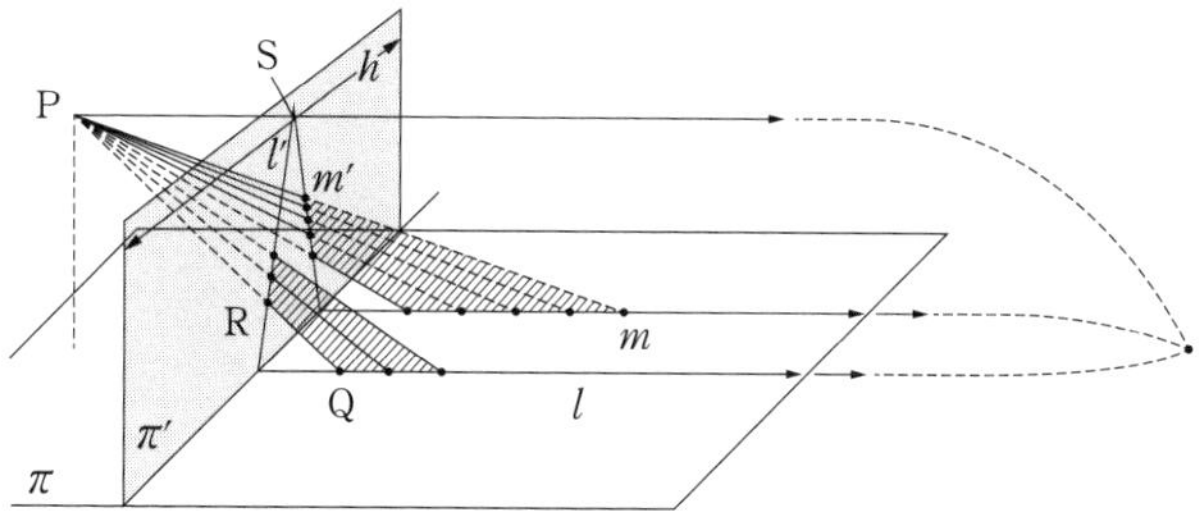

fig. 45

として、つぎの二つのことがすぐわかる。

(1)　π上で一直線上にある点は、π'上に移っても一直線上にある。

(π上の直線はπ'上の直線に移っている)

(2)　l上に並んでいる点は、l'上に移ると間隔が変わってしまう。

まず(1)の方は、Pとlによって定まる平面とπ'との交線がl'であって、l上の点とPとを結ぶ直線はすべてPとlとの定める平面上にのっているということからすぐ理解できることである。(2)については、個々の二点の間の間隔が変わるというだけは図から直ちに見られるが、それらが全体としてどのような法則で変わっているかということは、すぐには結論しにくい。しかし、いまのべた(1)、(2)は、π'がπに垂直であろうと、垂直でなかろうと、とにかくπとは異なる平面であって、Pがそのどちらの上にものっていないということさえ守られていれば、いつでもいえることである。こうした一般性を見た上で、(2)についてもう少し説明を加えておこう。

(2)における法則性を知るには、まずPとlとによって定まる平面上に、さらに直線l'があるということに注意する。l上の点とPを結ぶ直線がl'と交わる点をl'上につぎつぎにとり、それらの点をl上の点の像とみて、l上に並ぶ点と、その像として得られるl'上に

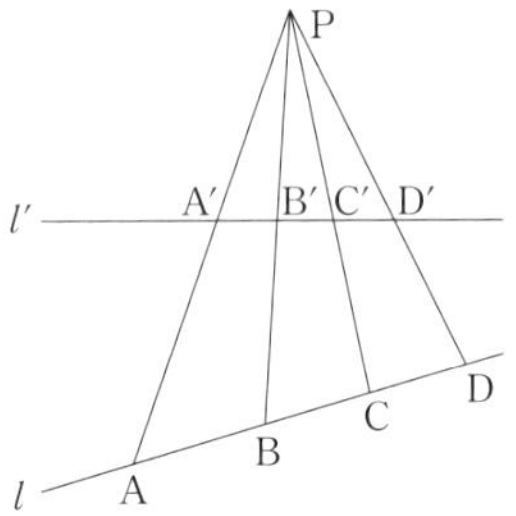

4点の複比　$(AB, CD) = \frac{AC}{CB} : \frac{AD}{DB}$

複比の不変性　$(AB, CD) = (A'B', C'D')$

fig. 46

並ぶ点との関係について考えればよい。これを、πとπ'とが垂直でないような場合をも含めて、一般に、一平面上に一点Pを定め、Pを通らない二直線l、l'を任意にひいて考えよう。

　l上に並ぶ四点をA、B、C、Dとし、Pとこれらの点を結ぶ直線がl'と交わる点をそれぞれA′、B′、C′、D′とする。

　このとき、A、B、C、Dの相互の間隔と、A′、B′、C′、D′の相互の間隔は変わってしまうが、この四点の組をまとめて考えると、実は不変な関係がある。

　AからCへ向う線分と、CからBへ向う線分の比をr_1、AからDへ向う線分と、DからBへ向う線分の比をr_2とし、r_1とr_2との比を作ったとき、これを点A、B、C、Dの複比または、非調和比とよぶのであるが、これが不変なのである。ていねいにいえば、いまのように一直線上の点を他の一直線上に移しても、四点を組と考えれば、その四点の複比と、移った方の四点の複比とは変わらないのである。これは、平面上にPとl、l'があって、Pはl、l'上にのっていないということだけで、そのほかはどのような位置関係にあってもつねに成り立つ性質である。

　さきに注意したように、いま考えたことは、πとπ'とが異なる平面であって、Pがそれらの平面上にのっていなければ、いつでも同じように論じられることである。ここでまた言葉の説明をつけ加えておこう。

点Pとπ上の点とを結ぶ直線をPからの射線といい、Pからπ上の図形Fにのっている点へのあらゆる射線を作ることを、PからFを射影するといい、Pからの射線と他の平面π′の交点を求めることを、π′による截断《せつだん》という。

また截断によって、π′上にFの像F′を求めたとき、PからFを射影してF′をえたという。(射影という言葉が二重に使われているが、誤解は起こらないだろう。) この言葉を使うと、前にのべた(1)と(2)は、この射影という操作で不変な性質であったということになる。(2)については、あとから少し詳しい内容をのべたので、前にのべた(1)、(2)を再録しておこう。

射影という操作によって

(i) 直線は直線に移る。

(ii) 一直線上の四点の複比は不変である。

この性質は、さらにPと異なる点P′をとり、P′からπ′上の図形を第三の平面上に射影しても同じように保たれる。そしてこれを何回くり返しても変わらないはずである。

射影幾何学

このような、射影截断という操作に基づき、図形の射影によって不変な性質を研究する幾何学を射影幾何学という。射影幾何学では、二点間の距離がどれだけあるかというようなことは意味がない。なぜなら二点間の距離は射影によって変わってしまうからである。しかし、ユークリッド幾何学でも取り扱われる調和列点というものは、複比が−1であるという性質で特徴づけられ、射影によって不変な性質であるから、射影幾何学の対象になる。

射影幾何学では、二直線が平行であるということも考えられない。はじめの図からもわかるように、π上の平行な二直線はπ'上では交わっている。実はπ上の平行な直線は、すべてπ'上の一直線h上で交わるので、hを無限遠直線といい、h上の点をπ'上の無限遠点とよんでいる。この名称は、π上の無限に遠い点がすべてπ'上ではh上の点に対応するということから理解されるであろう。この無限遠点、無限遠直線の存在が、射影幾何で考える平面の特徴である。実際は目の前にありながら、こうして特殊な名称をつけられているというのは甚だ奇異な感じをうけるであろう。これもユークリッド幾何学の知識をかりながら射影幾何を論じようとしているからなのであって、こんな特異性を除去した一般の理論を作るためには、射影幾何学もまた、公理から厳密な理論体系として作り上げなくてはならない。

射影幾何学も、その思想の起こりをたずねれば、決して新しいものではない。透視図法が考えられ始めたルネサンス時代から、すでに射影截断の原理が使われている。しかし、射影幾何学が数学の一分科としての体系を持つようになるためには、フランスの建築技術者デザルグ（G. Desargus）や天才的数学者パスカル（B. Pascal）等の業績があった上に、彼等の約二世紀後に現われた独創的な数学者ポンスレ（V. Poncelet）の研究に待たなくてはならなかった。ポンスレは、モンジュ（G. Monge）の弟子で、モンジュの画法幾何学（この中には射影幾何学の核心となるものが含まれていた）の純粋に綜合的な側面にひきつけられ、デザルグによって示された幾何学思想に導かれて、射影幾何学を大成し、それに関する部厚な書物を公にした（一八二二年）。それからしばらくの間はこの書物が射影幾何学の最も重要な文献としての地位を保っていた。

純粋に幾何学的な公理群から出発して射影幾何学を構成するということはフォン・シュタウト（Von Staut）に始まり（一八五六年）、今世紀にはいってから、べブレンとヤングの著書 Veblen-Young: Projective geometry I. II（1909）によって完成された。その後の研究では射影幾何学をさらに別の立場で考えるという方法も出てきた。

画法幾何という、実用の技法から生まれた射影幾何学が純粋数学として脱皮したとき、この幾何学が先にのべたユークリッド幾何学、非ユークリッド幾何学を含む広い幾何学であることもわかった。いろいろの幾何学が、ある一つの系列の中に統一されることを示すためには、「幾何学」とは何であるかという、幾何学というものの根本的な思想を明らかにしなくてはならない。それについてはまた後で説明することにし、幾何学のもう一つの面に触れておこう。

4　位置と形相の幾何学

ケーニヒスベルグの橋渡りの問題

今はソ連に属してカリーニングラードと呼ばれているが、かつてのプロシャの首都ケーニヒスベルグでの話である。現在ではだいぶようすが違っているようであるが、昔は図のように、川で分けられた四つの地域をつなぐための七つの橋がかかっていたとのことである。

ここで、問題というのは、

「橋を全部渡れ。

ただし、同じ橋を二度渡ってはいけない」

というものである。ただ無条件に橋を全部渡れというだけなら何も難しいことではない。

このただし書きの方がくせものなのである。試みに、左の図で何回かやってみるがよい。

ケーニヒスベルグは、有名な哲学者カントの住地で、カントには定時散歩の有名な物語りが伝えられていることなどから、この問題からそんな雰囲気が思いうかべられるふしもあるが、これとカントとに特別の関係があるとは聞いたことがない。とにかくこの問題に対して明確な解答を与えたのは、カントとほとんど同時代（年は十七歳の違い）の数学者オイラー（L. Euler）である。

さて、はじめの問題に帰ることにしよう。オイラーはこれに関する論文を書いているが、ここではそれにとらわれずに、現代流に、しかも易しい考え方で話を進めよう。

四つの地域を図のようにA、B、C、Dとし、橋には、(1)、(2)……(7)と番号をつけておくことにする。

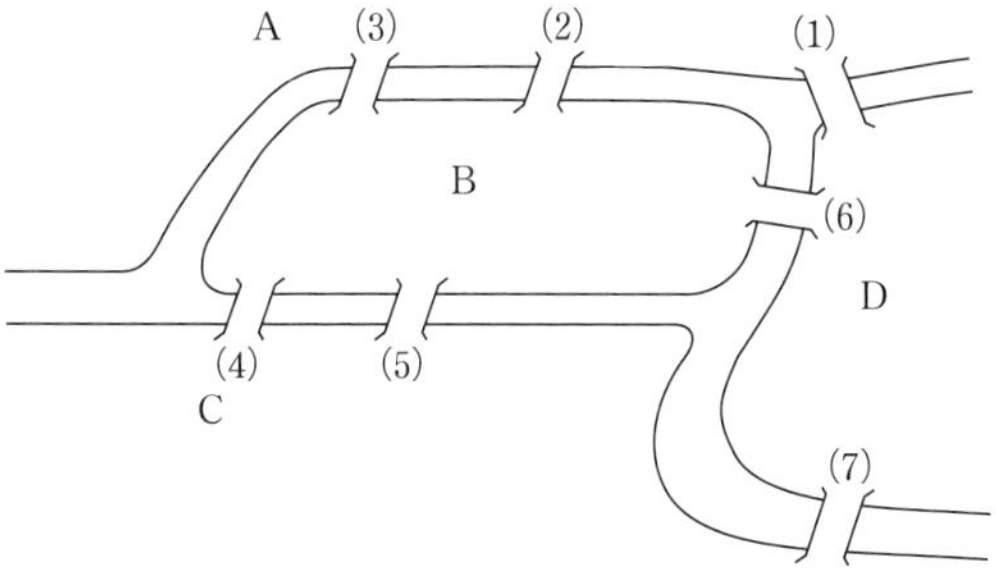

fig. 47

この「橋渡り」は、四つの地域が橋で結ばれるということが核心である。もちろん各地域内だけを歩く限りは、その部分でどんなに歩きまわろうと、「橋を渡る」こと、しかも「各一回だけ通ること」には何の関係もないことであるから、A、B、C、Dはおのおの一点で表わし、橋はこれらの点を結びつける線で表わしてみよう。(fig. 48)

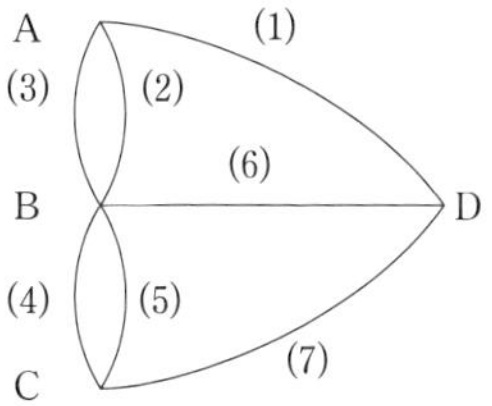

fig. 48

ここでは、A、B、C、Dを結びつける線の数だけが問題であって、その線が曲っているとか、まっすぐであるとかいうことはまったく問題にならない。こうすると、問題は

「同じ線を二度通ることなしに、この図を一筆で書け」

ということと同じになる。したがって、ケーニヒスベルグの橋渡りの問題は、実は一筆書きの問題であったわけである。

一筆書きについては、現在では詳しいことが知られている。一筆書きの問題で、例えば図49のように、A、B、C、D、E、Fを線で結んだ図形では、結ぶ線が線分であろうと曲線であろうと何の関係もないことであるから、点を結んでいる線を弧とよび、点を頂点とよんでいる。この図でA、D、E、Fのように、弧が偶数本出ている頂点を偶頂点、B、Cのように、弧が奇数本出ている頂点を奇頂点とよぶことにすると、一筆書きのできるのは

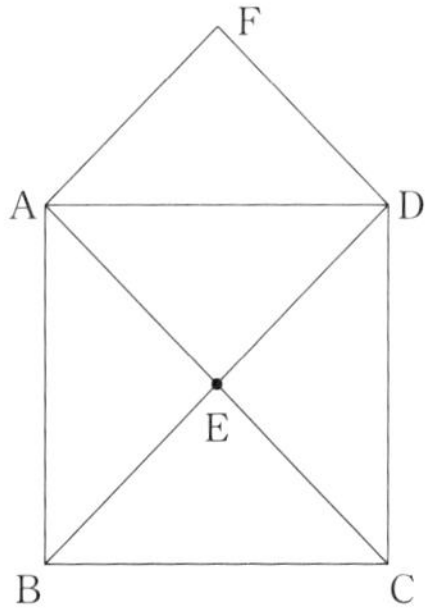

fig. 49

(1) 全部の頂点が偶頂点である場合。
(2) 奇頂点が二個だけで他の頂点はすべて偶頂点になっている場合だけである。(1)の場合はどの頂点から出発しても、その図形を一筆で書くことができて、最後はまた出発点にもどることになる。(2)の場合は、奇頂点の一方を出発点とすると、他の一つの奇頂点を終点にするようにして一筆で書ける。このことがわかっていると、ケーニヒスベルグの橋渡りの問題は不可能である(奇頂点が四個)ことがすぐわかる。また図49の場合は一筆で書けることもすぐ確かめられる(図は奇頂点二個、他は偶頂点)。ケーニヒスベルグでも、もしどの橋か一つの橋を閉鎖してしまえば難なく一回ずつ全部の橋を渡ることができる。もちろん、例えばAとCを結ぶもう一つの橋をかけたとしてもよいわけである。この遊戯的な問題も、いまではこれを含む大きな理論にまで発展し、驚くべき応用も見出されている。

多面体の頂点・辺・面の数

オイラーには、もう一つの有名な話がある。例えば図のような四面体や直方体、あるいはいちばん右側にかいてあるような変わった多面体をしらべてみよう。これらには頂点の数Vと、辺の数Eと、面の数Fとの間にいつも一定の関係がある。すなわちVとFとの和は、Eに2を加えたものに等しいということである。いろいろの多面体をかいて試めしてみるがよい。オイラーはこのおもしろい共通性に気づいたのである。もっとも彼以前にすでにデカルトが気づいていたようであるが、現在ではこれをオイラーの多面体定理とよんでいる。もちろん、いくつもの多面体についていちいちためしてみたというだけでは、数学の定理にはならない。どんな多面体についても、この関係があるということを保証しなくてはいけないわけである。その証明はさしひかえて、いま図50で示した多面体の特性をみておこう。もちろん多面体といっても、その中味を考えないで、表面だけに注目しているわけであるが、図に示した三つの多面体はすべて閉じていて、もし表面がゴム膜でできているとすれば、中に空気を吹き込んでふくらましたとき、球または球に似たような形になるに違いないものばかりである。このような多面体をここでは「球がた」の多面体とよんでおこう。

これに対して、次ページ上図で(i)のように中央を貫通する穴があるもの、

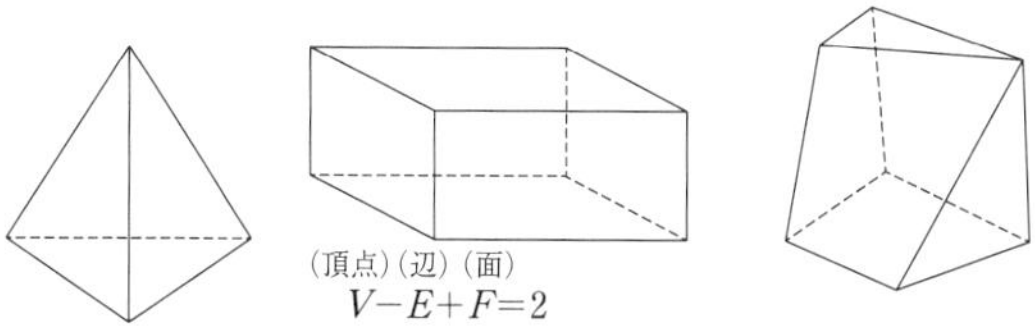

fig. 50

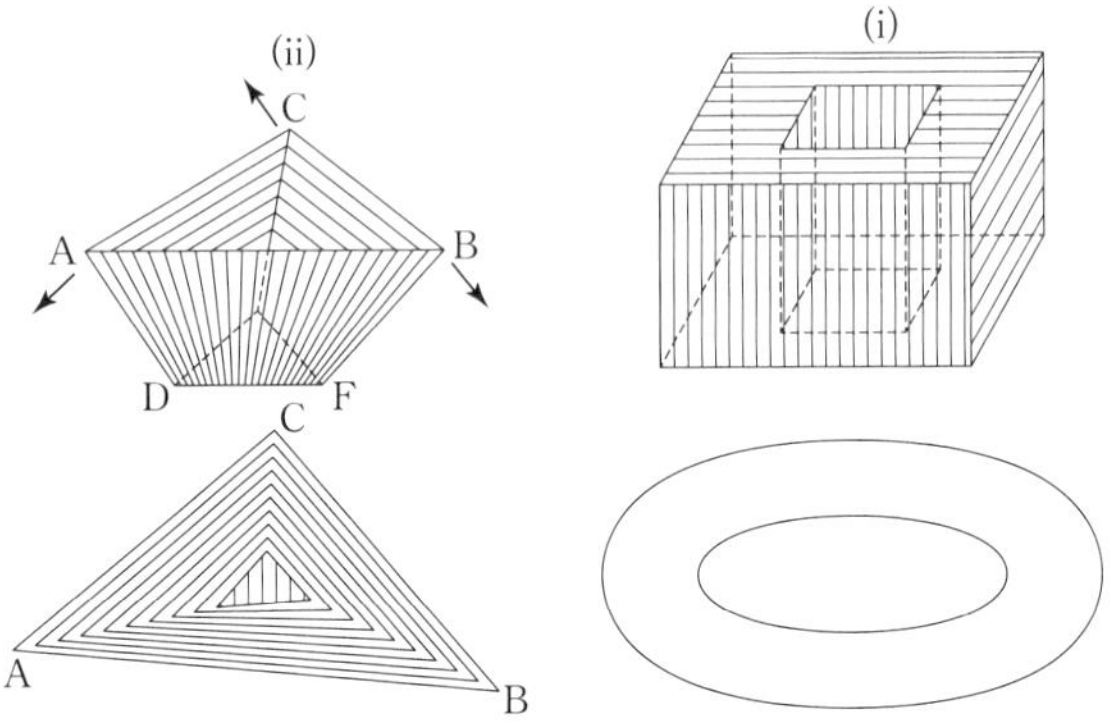

fig. 51

（ⅱ）のように、面が一つないため、全体として閉じずに、口があいているものもある。これらがやはりゴム膜製であったとすれば、（ⅰ）は中に空気を吹き込むとおそらくドーナッツの形にふくらむであろう。（ⅱ）は空気を入れてふくらますことができないが、開いている口のところをうまく引き伸ばせば、全体を平面に展げてしまうことができる。このとき膜をやぶくようなことがあってはいけないが、面と面のつながり方、辺と辺のつながり方だけが同じ状態になっていさえすれば、個々の面や辺が伸びようが縮もうが気にすることはない。

なぜなら、いま考えているのが、頂点と辺と面の数だけで、その個々の形は問題にしていないからである。（ⅰ）のような多面体を「ドーナッツがた」とよび、（ⅱ）のような多面体は面をつたわっていけば開いた口の部分がそのへりになっているので、これを「へり付」の多面体とよんでおく。オイラーの多面体定理を正確にのべるためには、このような多面体の区別をしてかからなくてはならない。逆にいえば、オイラーの多面体定理は、これらの多面体の種類を特徴づける一つの基準を示しているのである。

ここでは、多面体Pの頂点の数Vと面の数Fの和から、辺の数Eを引いた値を$K(P)$で表わし、球がた、ドーナッツがたおよびヘリ付の多面体について$K(P)$の値を示しておこう。$K(P)$のことをオイラーの標数といい、これについてはもっと一般の場合も論じられている。

多面体をPとする，
オイラーの標数
$$K(P)=V-E+F$$
球がたの場合
$$K(P)=2$$
ドーナッツがたの場合
$$K(P)=0$$
ヘリ付の場合
$$K(P)=1$$

いまでは、多面体の概念も一般化され、それに応じてオイラーの標数もさらに一般の形で定義されている。多面体およびそれに対するオイラーの標数は、あとでのべる組合せ的位相幾何学の重要な基本概念として、現代数学の中に生まれかわっている。

位相幾何学

これまでに取り扱った、ケーニヒスベルグの橋渡りの問題にしても、多面体の頂点、辺、面の関係についての問題にしても、図形を自由にのばしたり、ちぢめたり、曲げたり、まっすぐにしたりして考えて来た。ユークリッド幾何では辺や面の大きさとか、角とかを問題にするので、このような変形は許されない。しかし、いま考えた問題は、図形のある性質だけに注目して、その図形の特性を捉えたもので、これも図形の研究に対する一つの立場である。

ライプニッツは、ある手紙（一六七九年）で「代数学が量をあつかうのに対して、幾何学的の位置をあつかうものが必要だと思う」とのべている。彼自身もその思想に基づく仕事をしたらしいが、その成果は何も発表されていないので、実際にどのようなことを考えていたのかはっきりしない。これに対して、オイラーはケーニヒスベルグの橋渡りの問題こそ、その一例であるといって、それを解いたのであった。さらにオイラーの多面体定理もまさに図形の形相ともいうべきものに関する見事な成果であったわけである。十九世紀のはじめには、ガウスをはじめ何人かのすぐれた数学者が、図形の位置や形相の本質についての研究を残しているが、この方面の研究が数学の一部門となるまでには至らなかった。しかしリステング（Listing）が、この方面の研究に関する「トポロジー」という言葉を使った論文を書いたり、リーマン（B. Riemann）が函数論の研究において曲面の形相的な性質を深く追求するというようになって、しだいに数学者の関心が高まった。そして十九世紀の後半には、ポアンカレやカントルの研究があらわれ、この方面は飛躍的に新しい段階にはいった。

トポロジーはわが国では初め位相幾何学という名でよばれ、ポアンカレの立場を、組合せ的位相幾何学、カントルの立場を集合論的位相幾何学とよんでいたが、現在では、これらが一つの思想の下に統一され、位相数学とよばれている。

この中には組合せ的な立場から発展した面と、集合論的立場から発展した面とがあるが、それらは位相的不変性を研究するという思想で全体が統一され、いまでは幾何学という狭い概念も超えて、数学のいろいろの分野に関連している。この位相的不変性とは、一対一両連続な写像（位相写像）によって不変な性質のことである。一対一両連続写像というのはあとで（Ⅷ章）詳しくのべるが、ここでは一応直観的にのべておこう。さきに多面体をゴム膜製のものと見て伸ばしたり、縮めたり（やぶかないように）して変形したが、この場合に、もとの図形と変形されたあとの図形との点と点を対応させるとき、この対応が一つの一対一両連続な写像とよばれるものになる。一筆書きの問題も一対一両連続な写像で図形を変えても、問題そのものには何の変化も起こらないので、やはり位相幾何学（位相数学）の問題である。多面体が「球がた」であるとか、「ドーナッツがた」であるとかいうことも、もちろん位相数学の立場で考えられる対象になるわけである。

幾何学とは何か

これまでに、いろいろの幾何学が出てきたが、ここで幾何学とは何であるかについて説明をつけ加えておこう。これについては、十九世紀の終わり頃クラインが極めて明解な答を出している。彼の思想をのべるには、あとでのべる群の概念が必要なので、この項はⅧ章の読後に再読していただければ幸いである。

少し前に、射影幾何学は射影によって不変な性質を研究する幾何学であるといった。位相幾何学も、位相構造についての概念を使えば、位相写像によって不変な性質を研究するものであるということができる。ところで射影にしても、位相写像にしても、点を点にうつす、いわゆる点対応である。

いま、ある種の点対応の集合を考え、その中の二つを続いて行なったとすると、それはまた一つの対応になるだろう。これを対応の積と考えれば、対応の集合で群を作るものがある。一般に、点対応の集合で群を作るものを、特に点変換とよんでおく。位相写像とか、射影とか、ふつうの運動とかが、それぞれ群を作っていることは容易に確められる。これらをそれぞれ、位相変換、射影変換、運動（ユークリッドの合同変換）とよぶ。位相幾何学（位相数学）、射影幾何学、ユークリッド幾何学は、それぞれいまのべた変換群に関して不変な性質を研究するものなのである。非ユークリッド幾何学もまた、非ユークリッド運動とよばれる変換群によって不変な性質を研究する幾何学として特徴づけることができる。

このようにして、幾何学とはある一つの変換群に関して、不変な性質を研究するものであるというのがクラインの思想である。変換群は以上の外にも多くあるが、それに応じて一つずつの幾何学ができるのである。このようにして、幾何学は概念で統一されるのである。

Ⅷ章

集合と構造

1　はじめに集合あり

集合とは何か

数について考えるとき、自然数とか、整数、有理数、実数、あるいは複素数などといって、数のいろいろの種類を分けて調べることがある。このようなとき、例えば「自然数は……」というようないい方をすれば、明らかに自然数の全体についての話になっている。したがって、話の対象は自然数の個々の数というより、自然数とよばれる数全体の集まりについて語ろうとしているのである（パスカルもすでにこのような考え方をしていた。V章）。このようなわけで、数学の話では、しばしば何かある性質をもつ対象の全体を問題にする。もちろん個々のものについて詳しい議論をする場合も少なくないが、何かある性質で特徴づけられる対象の全体について考える場合に、そのようなものの集まりを集合といい、一つの文字で表わすと便利である。集合といえば物の集まりであるが、数学で集合という言葉を使う際には、何らかの方法で、個々のものがその集合に属しているか、属していないかはっきりと判別できるものについて考える。そこで、集合を指定するには、つぎのようにすればよいわけである。

(1) 個々の対象が、その集合に属するかどうかを決定することができるような、判断の基準を定める。または、

(2) (もし可能ならば) その集合に属するものをはじめから全部拾い出して集めておく。

(1)の方法によれば、あるものがその集合に属するかどうかは、いちいち判断基準に照らして判定してみればよいので、全部を実際に目の前に集めておかなくても、必要に応じてその場その場の判定をすればよい。無限に多くのものの集合は、この方法によって指定するほかはない。例えば実数全体の集合といっても、実数を全部書きあげておくわけにはいかないからである。(2)は、とにかく有限個のものなら可能である。有限個といっても、何万、何億とあるものを一個所に集めるのは困難なことが多いので、そのようなときは(1)の方法によればよい。しかし、一桁の正の整数の集合といえば、

1、2、3、4、5、6、7、8、9

と全部書きあげてしまうことができる。このように、それに属しているものが有限個しかない集合を有限集合という。これに対して、整数全体の集合のように、それに属するものが無限にたく

さんある集合を無限集合という。

ここで「無限」という言葉を使ったが、いまは、とにかく数えきれないということに考えておいて頂きたい。

整数全体の集合をZで表わそう。そのとき個々の整数はZに属するわけであるが、一般にある集合に属するものを、その集合の元《げん》、または要素という。整数0、5、-3などはすべてZの元である。自然数全体の集合をNで表わせば、NはZの一部分になっている。このように、一つの集合Bが他の集合Aの一部分になっているとき、BはAの部分集合であるという。自然数の集合Nは、整数の集合Zの部分集合である。自然数の集合の中には、2の倍数の集合、3の倍数の集合など、いろいろの部分集合がある。これらはもちろん整数の集合Zの部分集合でもある。集合を表わすのに図を使うと便利である。また部分集合を表わすには、不等号<、>の角をまるめたような記号⊂、⊃を使う。上の図にその例と使い方を示してある。

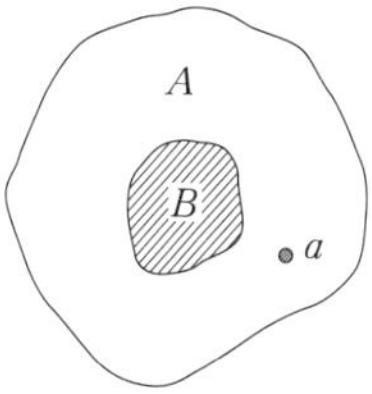

BはAの部分集合
$A \supset B$
または
$B \subset A$

aはAの元：$a \in A$ または $A \ni a$

fig. 52

また、aがAの元であることを表わすには∈という記号を使う。

BがAの部分集合であるということは、Bの元がすべてAに属しているということであると定義した方がつごうがよいこともある。このいい方をすると、BがAとまったく一致してしまう場合もBはAの部分集合であるということになって、「部分」という言葉に抵抗を感じるかもしれないが、数学的な取り扱いはこの方が便利である。また、元が一つもない場合は、集合という名に値しないと思われるだろうが、これもまた一つの集合と考え、空集合という。数の0に相当するものと思って頂けばよいだろう。ふつう空集合は、すべての集合の部分集合であると約束する。二つの集合A、Bがあったとき、AとBの両方に属する元だけの集合をAとBの共通集合といい、AとBの間に記号$\cap$を入れて表わす。またAかBのどちらかに属している元全体の集合をAとBの合併集合といい、AとBの間に記号$\cup$を入れて表わす。

例えば、2の倍数の集合と、3の倍数の集合の共通集合は6の倍数の集合である。また正の整数と負の整数と0との合併集合は整数全体の集合である。この例のように三つ以上の集合の合併集合を考えることも多い。共通集合についても同様である。二つの集合に共通な元がないときは、その共通集合は空集合である。A、Bの共通集合、あるいはA自身またはB自身は、いずれもAとBの合併集合の部分集合であることはいうまでもない。

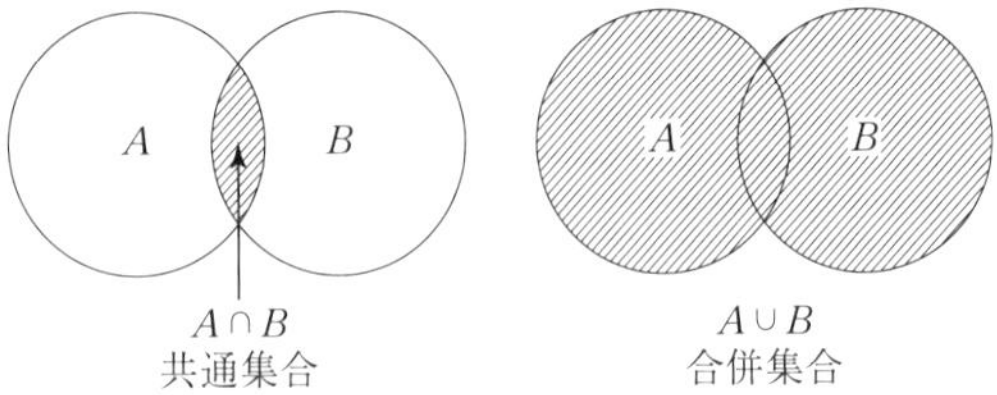

fig. 53

対応

二つの集合X、Yがあったとき、Xの元xにYの元yを対応させる対応を考えてみる。二つの集合の元の間の対応のつけ方はいろいろの方法があり、それによってさまざまの場合が出てくる。Xのおのおのの元をYの一つ一つの元に結びつける法則を与えられたとき、この法則を記号的に一つの文字fで表わし、Xの元が対応fによってYの元にうつされる、またはfはXからYへの写像であるという。例えば、fを正、負の整数から自然数の集合への写像——平方すること——としよう。この対応は、左の図にみられるようになる。このときXの全体がYの部分集合に移される。しかもXの二つの元がYのある一つの元に移されている。これに対し、自然数の集合から実数の集合への対応——平方根を求めること——を考えよう。この対応でも自然数の全体が、実数の部分集合に移されるが、この場合はXの一つの元に対して、Yの二つの元が対応する。このような場合は写像とはいわない。

　これらに対して、Xの一つの元にはYのちょうど一つの元だけが対応するような対応もある。このような対応を一対一の対応という。

　例えば、自然数の集合と、偶数の集合の間の対応を、xにその二倍の数$2x$を対応させるという写像で与えた場合がそうである。一対一の対応というのは、二つの集合の元を一つ、一つつき

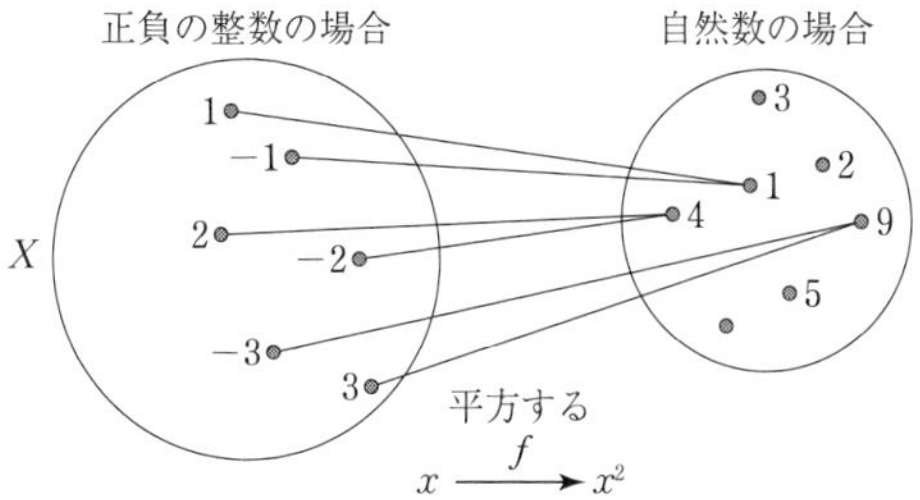

fig. 54

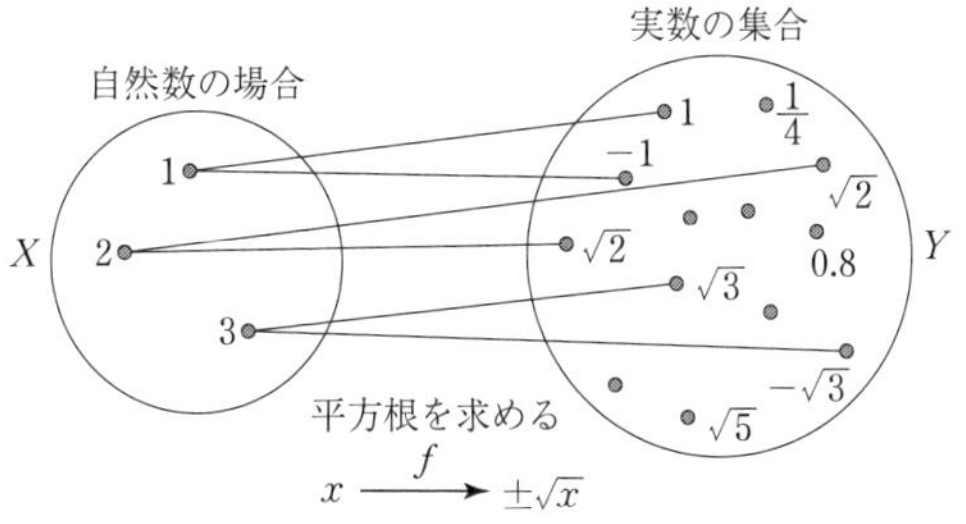

fig. 55

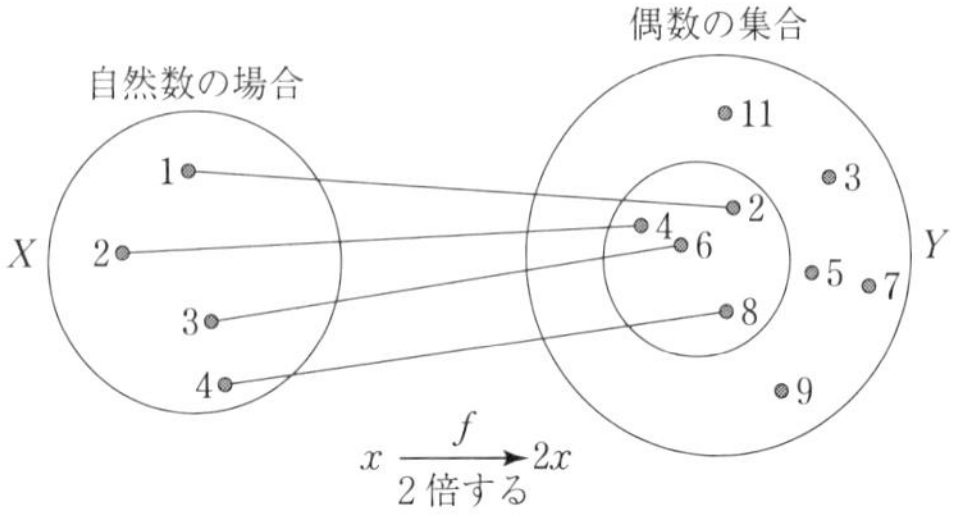

fig. 56

合わせることである。

一般に、写像fによってXの元xがYの元yに対応するとき、yはxのfによる像であるといい、xの像を$f(x)$とも書く。これは、ふつうの函数の場合と同じである。

$$f(x)=2x+3$$

という函数は、xの2倍に3を加えることによって新しい数を作り出すもので、xが実数上を動くならば、fは実数の集合から実数の集合への写像になる。函数はxの一つの値に対して$f(x)$が二つ以上の値をとることもあるが、写像は$f(x)$の値がただ一つ定まるもので、いわゆる一意な対応である。

演　算

例えば、2に4を加えるということは、二つの整数2と4の組から6という一つの整数を作る操作であり、2に4を掛けるということは、2と4から8という一つの整数を作る操作である。整数の集合では、加法も乗法も、それぞれ二つの整数を結合してある一つの整数を作る操作と見られる。これらは、いずれも、二つの整数の組を元とする集合から、整数の集合への写像とみることができる。一般に、一つの集合Sにおいて、その集合に属する二つの元a、bの組から、S

の一つの元を作る、すなわちaにbを結合して、新しくSの一つの元を作り出す操作＊（整数の集合における加法ならば＋、乗法ならば×または・の記号に相当するもの）が定義されているとき、＊を「二項演算」という。整数の集合における加法も乗法もそれぞれ二項演算である。二項演算は、集合の二つの元の組から成る集合から、もとの集合への写像であるということもできる。整数の加法、乗法の例からもわかるように、二項演算は一般に一対一の写像ではない。

二項演算で次ページの(1)が成り立つとき、＊は可換または交換可能であるといい、(2)が成り立つとき、＊は結合的であるという。整数の加法乗法は可換で、しかも結合的である。

二つの整数a、bがあったとき、aからbを引いたものは必ず整数となるが、aをbで割ったものは、必ずしも整数にはならないから、減法は整数の集合の二項演算であるが、除法はそうではない。除法は有理数の集合における二項演算である。しかし、減法、

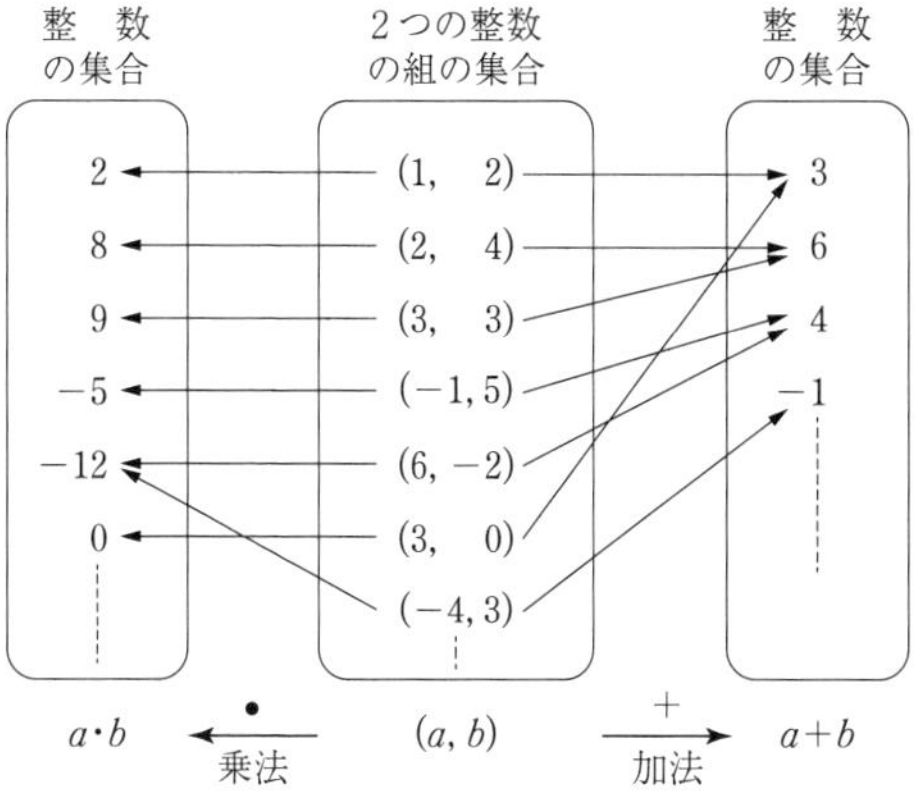

fig. 57

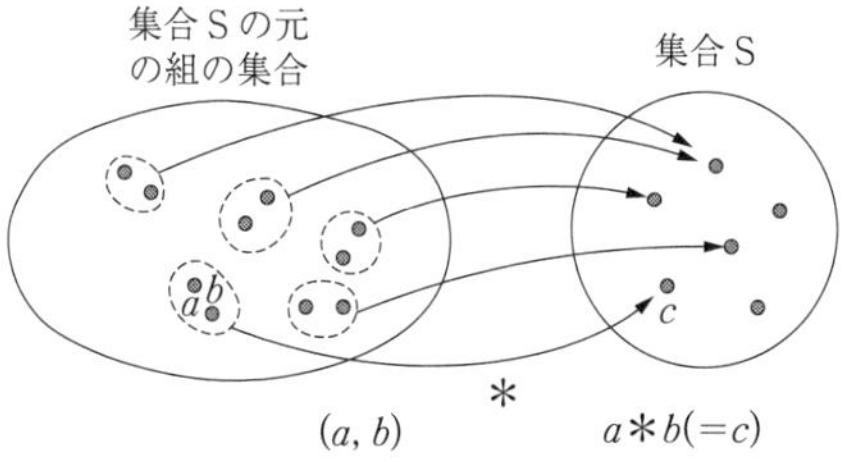

fig. 58

二 項 演 算

$$(a, b) \xrightarrow{*} a*b$$

(1) $a*b=b*a$ 交換法則

(2) $(a*b)*c=a*(b*c)$ 結合法則

整数の場合

加 法	乗 法
$a+b=b+a$	$ab=ba$
$(a+b)+c=a+(b+c)$	$(ab)c=a(bc)$

$(a, b) \xrightarrow{*} a-b$	$(a, b) \xrightarrow{*} a\div b$
$a-b\fallingdotseq b-a$	$a\div b\fallingdotseq b\div a$

例

$5-3=2$	$6\div 3=2$
$3-5=-2$	$3\div 6=\frac{1}{2}$

除法は可換でもないし、また結合的でもないことはすぐ確かめられる。

二項演算の定義できる場合は、数の集合ばかりではない。

平面上の点の平行移動の集合、あるいは一点Oを中心とする回転の集合などを考えると、これらを続いて行なうことを結合の操作とみて、やはり二項演算になる。

ある集合に、二項演算が二種類定義されているとき、(例えば加法と乗法のように)加法に対する乗法の分配法則と同様な関係が成り立つならば、ここでもやはり、それを分配法則とよぶ。二つの演算を

＊、△

で表わしたとき、分配法則は次ページのように表わされる。このとき＊は△について分配的であるという。

ここでもう一つ、数以外のものの演算の例として、集合の演算を示しておこう。

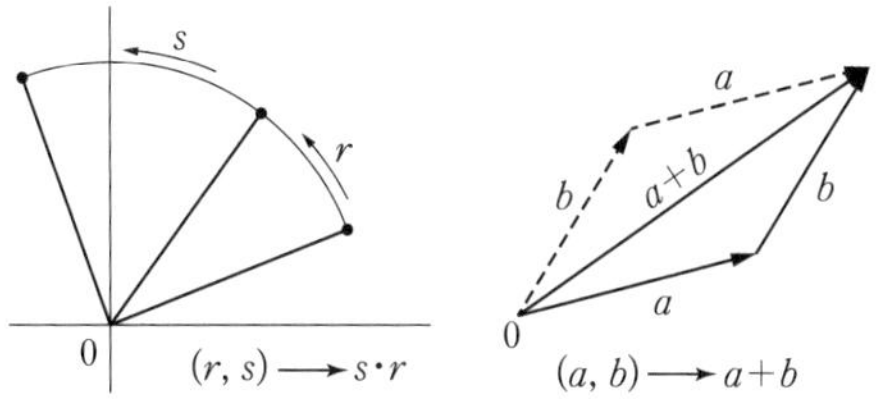

回転 r をしてつぎに s をしたものを $s \cdot r$ で表わす．$s \cdot r = r \cdot s$

平行移動 a をしてつぎに b をしたものを $a+b$ で表わす．$a+b=b+a$

fig. 59

演算　＊　△

$$a*(b\triangle c)=(a*b)\triangle(a*c)$$

$$(b\triangle c)*a=(b*a)\triangle(c*a)$$

分　配　法　則

集合の演算

一つの集合Iにはいくつもの部分集合が作れる。部分集合の二つをとり、それらの合併集合を作ること、共通集合を作ることは、部分集合に対する二項演算で、∩、∪は部分集合の二項演算の記号である。演算∪、∩が共に可換で、結合的であることは、前の図から容易に確かめられよう。また、分配法則も成り立っている。

ここで注意を要することは、∪、∩が、それぞれ数の演算における加法、乗法に似ているということ、それにもかかわらず、分配法則については、数の加法、乗法の場合とようすの違うものが現われてくるということである。図61の(i)は∩を×、∪を＋とすれば数の場合と同じ形であるが、(ii)の形のものは数の演算には出てこない。なお、集合Iの部分集合A、B、C、D、……などを対象とするとき、Iを全体集合という。Oで空集合を表わすことにしておくと、二三九ページ上のような結果が得られることも明らかであろう。ここで、Iは乗法における1の働きと似ているし、Oは加法における零に似てはいるが、そのすべ

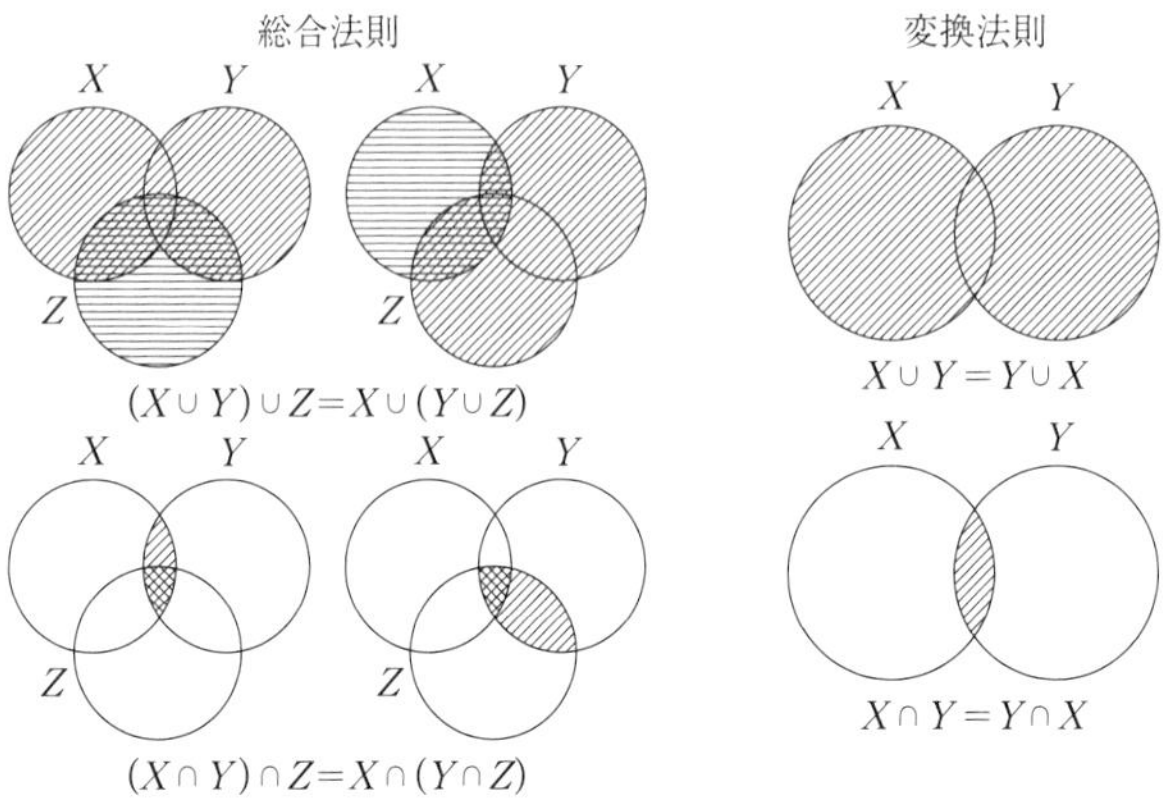

総合法則
変換法則
X Y Z
$(X \cup Y) \cup Z = X \cup (Y \cup Z)$
$(X \cap Y) \cap Z = X \cap (Y \cap Z)$
$X \cup Y = Y \cup X$
$X \cap Y = Y \cap X$

fig. 60

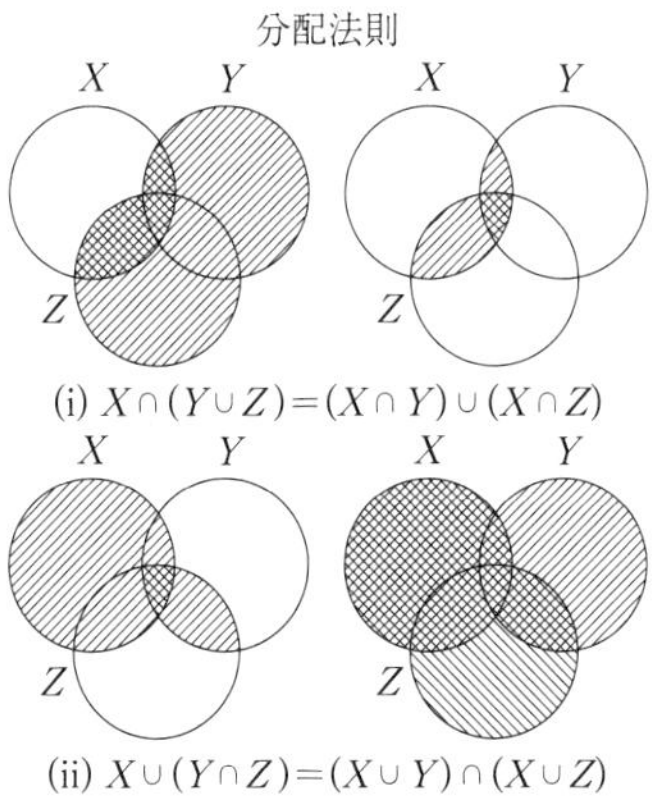

分配法則
X Y Z
(i) $X \cap (Y \cup Z) = (X \cap Y) \cup (X \cap Z)$
(ii) $X \cup (Y \cap Z) = (X \cup Y) \cap (X \cup Z)$

fig. 61

てが同じであるというわけではない。集合の演算は数の加法、乗法と似たところもあるが、大へん違ったところもある。

なお、ある集合の部分集合を考えるときには、その集合に属しない元だけから成る別の部分集合を指定することができる。それは、Iの部分集合Xに対して、Iの元であってXには属しない元の全体である。これをXの補集合といい、X'で表わす。Iは1から9までの自然数、Xはこの中の偶数とすれば、X'は1、3、5、7、9（奇数）である。補集合を作ることも、全体集合とその部分集合との間の演算と考えられる。

Xとその補集合X'とには共通部分がない。XとX'の合併集合がIであることは明らかであろう。また、Xの補集合X'を作り、そのまた補集合$(X')'$を考えると、これはもとの集合Xになる。Iの補集合は空集合、空集合の補集合は全体集合である。なお、補集合を作る演算について、ド・モルガンの法則とよばれる重要な法測がある。言葉でいえば「合併集合の補集合は、補集合の共通集合であり、共通集合の補集合は、補集合の合併集合である」ということになる。これを式で示せば、次ページ上の下側の式のようになる。

このようにして、集合には三つの演算

$\cup$、$\cap$、$'$

があって、その性質はこれまでに調べたようになっているわけであるから、集合についても、まったく形式的な計算がで

$A \cup I = I \qquad A \cap I = A$

$A \cup O = A \qquad A \cap O = O$

$A \cup A = A \qquad A \cap A = A$

$A \subset B$という関係があれば

$A \cup B = B \qquad A \cap B = A$

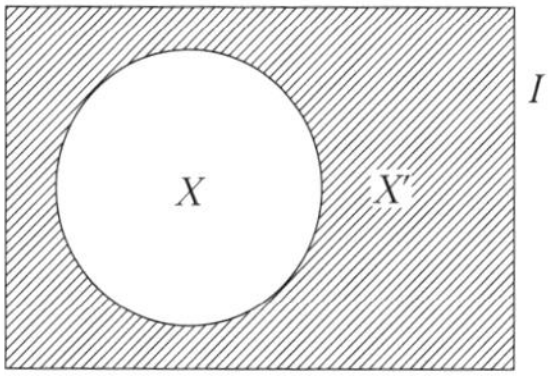

fig. 62

$$X \cap X' = O, \qquad X \cup X' = I \qquad (X')' = X$$
$$I' = O, \qquad O' = I$$

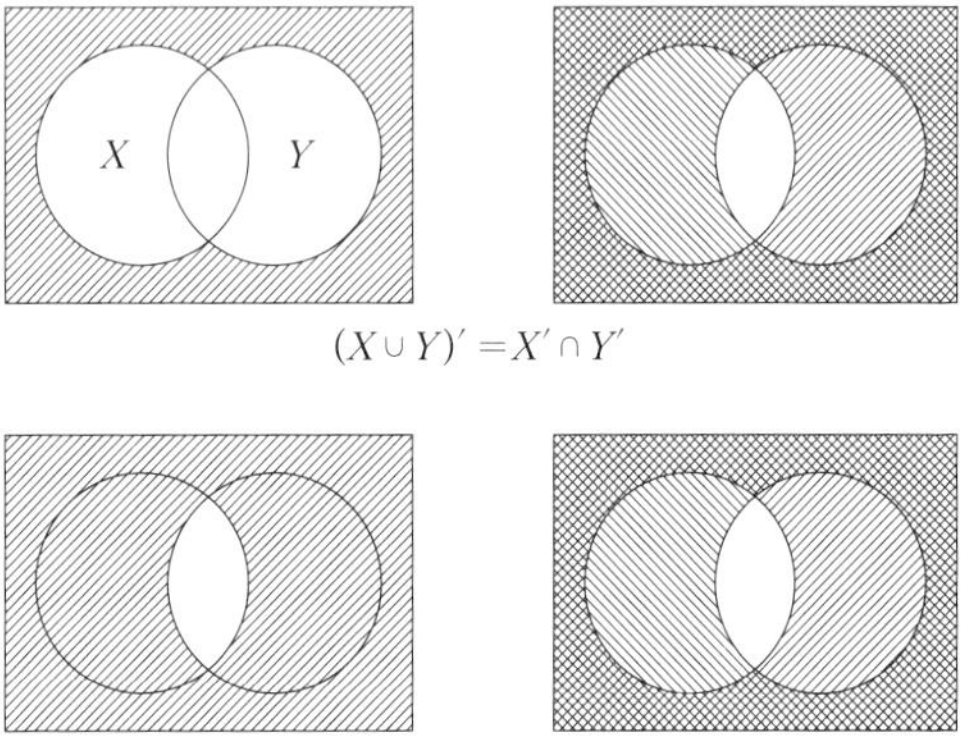

$(X \cup Y)' = X' \cap Y'$

$(X \cap Y)' = X' \cup Y'$

fig. 63

きることになる。これと同じ演算法則をもつ体系を、一般にブール代数というのであるが、これは単なる形式論に止まるものではなく、命題の研究や、電子計算機の設計など、極めて実際的なところにも応用をもっている。

構造

これまで、ぶっきらぼうに、集合、対応、演算などといって当たり前のようなことをいちいち形式化し、常識的なものにもはっきりした概念の規定をするようにつとめて来た。これは、現代数学が、極めて素朴な集合の概念から出発し、そこにいろいろの概念を盛り込んで組み立てられていくという特性を説明するための準備だったのである。われわれがある集合をとり上げたとき、そこには単にあるものがその集合に属するか、属しないかというだけしか規定されていないので、それだけでは何も話が始まらない。集合の元の間に演算というものが一つ定義されれば、それによってその集合はある姿を作り出すわけである。例えば、一つの建築物を考えてみよう。建築物は、それを作る材料と、その建築物の

「作り」あるいは「構造」という二つの面からながめることができる。単なる材料だけを集めたのでは建築物にはならない。同じ材料であっても、その設計によって構造は変わってくる。

音楽家の作曲を考えてみよう。いかなる名曲も、楽譜面では、あのおたまじゃくしみたいな音符と、休止符と、強弱記号その他いろいろの記号の集合であって、それを単に一個所にばらばらに集めたというだけでは音楽としての美しさは出てこない。しかし、作曲家は、作曲の法則と音楽的才能によって、これらを名曲に構成することができる。曲は音符や記号の集合に一つの構造を与えて作り上げられるということができよう。われわれの周辺にはこんな例がいくらでもある。しかし、あるものの構造をしらべるには、その構成要素の個々についての知識をもたなくてはならない。でき上がっているものをバラバラに分解し、その一つ一つの性格を明確にしてこそ、はじめて全体の構造が完全に究明できるようになるだろう。現代の数学は端的にいえば、ある集合における数学的構造を研究するものなのである。例えば、自然数についていえば、自然数はとにかく、

1、2、3、4、5、……

と表わして、もう何もかもわかったような気がしてしまう。しかし、ここにはいろいろの内容がふくまれている。まず1、2、3、……という順序がある。

また加法、乗法といった演算がある。これらはいずれも自然数という集合のもつ構造である。そこで自然数を厳密な理論で追究し出すと、仲々難しい問題が起こってくる。こんな単純なものと思う自然数についてさえ、数学者達は決して簡単に妥協することをしない。その構造を徹底的

に追究するのである。

さて、数学を作るには、ある材料を使って、構造を与えなくてはならない。数学の材料は、数の場合もあるし、点や直線の場合もある。

さらにそれらから作られたある集合の場合もあり、その材料は極めて多種多様である。これらの材料に対し、建築物を造るときの設計図に相当する、構造の規定がなくては「数学」という構造物が組み立てられない。数学の構造を規定するものを、ふつうは「公理」とよんでいる。構造のない単なる集合に、公理を与えることによって一つの数学理論が作り上げられる。もちろん同じ集合でも異なった公理を与えれば異なる理論ができ上がる。これは建築物を作るときと同じことである。また一方、別々に材料を集めても、同じ設計書を使えば同じ建築物ができ上がるように、別々の集合をとっても、同じ公理を与えて作った数学理論はまったく同じになるだろう。それはいちいち両方の建築物の対応するところを見くらべると同じように、集合と集合の間に適当な対応をつけてみれば、一方の構造がそのまま他方の構造と対応していることが確かめられるはずである。その対応を与えるのが写像である。

数学の研究が、こうした構造の追究に向けられているというのが、現代数学の大きな特徴である。しかし、構造といってもそれは無数にいろいろのものがある。現代の数学がどんな構造を研究しているか、それを完全に答えるのは仲々難しい。

フランスの若い数学者達が、ブールバキという仮名の集団を作り、現代数学を明快に再構成しつつある（IX章）。彼等は現代数学の先頭に立って二十世紀数学の殿堂を打ち建てようとしているが、その基本として数学的構造を、つぎの三つに大別した。

(1)代数的構造　(2)順序の構造　(3)位相的構造

これらについての詳しい説明は難しいが、代数的構造と位相的構造について比較的簡単な部分を概略のべてみることにしよう。われわれの話は公理的方法から始まる。

2　公理的方法

グループ作りの話

現代数学の基本的な考え方について語るには、その最も特徴的な公理的方法についてのべなくてはならない。まえに、公理とは、集合に構造を与える設計書のようなものであるといったが、ここでは公理を与えて構造を定義し、そのモデルを作ってみることにしよう。

まず、ちょっとしたクイズから始める。

いま、ここにA、B、C、D、……で表わされる何人かの人がいる。この人達の集団をPとしておこう。Pに属する人達がそれぞれ何人かずつ集まって、いくつかのグループを作ろうとしている。そのグループを作るについては、つぎの制約がおかれているとする。

(1) A、BがPに属する異なる二人であれば、A、Bを同時に含むグループが少なくとも一つある。
(2) A、BがPに属する異なる二人であれば、A、Bを含むグループはただ一つである。
(3) 任意の二つのグループは、少なくとも一人の、Pに属する人を共有する。
(4) 少なくとも一つのグループがある。
(5) どのグループも、Pに属する少なくとも三人の人を含む。
(6) Pに属する人がすべて一つのグループに属していることはない。
(7) 一つのグループは三人より多くの人を含まない。
さて、実際にこの条件でグループ作りができるか、という問題であるが、まず(1)〜(6)から、つぎの(a)、(b)、(c)がすぐわかる。さらに(7)をつけ加えると(d)は明らかである。
(a) Pに属する任意の二人の人は、ただ一つのグループを決定する。(1)、(2)
(b) 異なる二つのグループは、ただ一人だけを共有する。(2)、(3)
(c) Pに属する人は少なくとも四人である。
(d) 一つのグループには、ちょうど三人の人が属している。(5)、(7)
(a)、(b)、(d)はすぐわかるので、(c)だけを説明しておこう。(4)、(5)、(6)を使う)
(c)の証明。(4)によって、少なくとも一つのグループがある。(5)によって、そのグループには少なくとも三人が含まれている。(6)により、このグループに属さない人が少なくとも一人存在する。
したがって、Pに属する人は四人以上(少なくとも四人)である。

実は、ここで(1)〜(6)だけで推論を進めると、Pに属する人は少なくとも七人であることがわかり、さらに(7)をつけ加えると、（(d)が出てくるので）Pに属する人は七人よりは多くないことが証明できる。したがって、(1)〜(7)の条件をみたすようなグループは実際に作れて、そのときにはちょうど七人の人がいなくてはならない。またグループの数もちょうど七つになる。左の表をみて頂けば、実際に(1)〜(7)をみたすグループ作りができていることがわかる。

上の表は、例えばグループaには○印の人、A、B、Dが属している、というように読むのである。(1)〜(7)（(a)、(b)、(c)、(d)）を実際に確かめて頂きたい。

人＼グループ	a	b	c	d	e	f	g
A	○				○		○
B	○	○				○	
C		○	○				○
D	○		○	○			
E		○		○	○		
F			○		○	○	
G				○		○	○

これは、人とグループの話として、常識的に考えていると、作為的で、ただわずらわしいだけだとも感じるだろうが、(1)〜(7)および(a)〜(d)で、つぎのような言葉のいれかえをしてみるとおもしろい。

人 ──→ 点、　グループ ──→ 直線

ただし、「三人の人」というのは「三個の点」というように、形をくずさず、点と直線の言葉として意味の通るような形式的な修正はしてもかまわない。書き直したものはここに示さないが、個々の文章で直ちに読みかえができるので、そのまま話を進めよう。

公理とモデル

すぐ前にのべた入れかえによって、点と直線の言葉に直したら、前にあげたグループ作りの一覧表は、図形として表現することができる。ただ注意しなくてはならないことは、ここで用いた直線という言葉が、そのまま、日常馴れ親しんでいる、まっすぐな、両側に無限にのびた……というようなものであると考えてはならないということである。

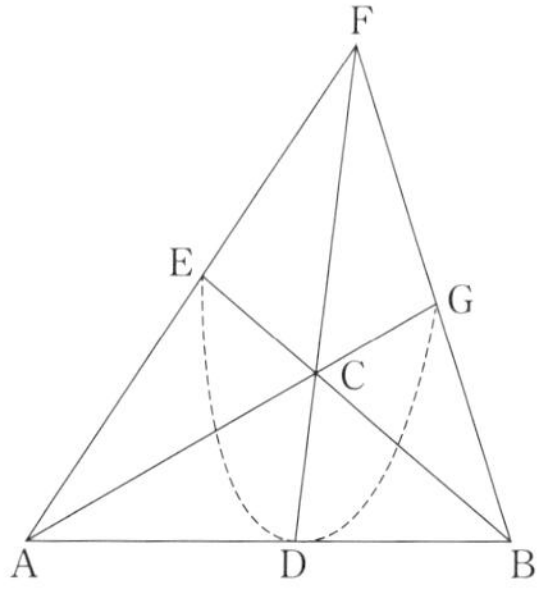

fig. 64

右の図と前に示した表をくらべて頂けばすぐわかるように、この図の線分ADB、BCE、DCF、AEF、FGB、ACGおよび点線EDGが、前の表でのグループで、こんどの場合の七本の直線になるわけである。(1)〜(7)および、(a)〜(d)を幾何学の命題と考えると、ふつうの常識的なものと、だいぶずれがあることに気がつくに違いない。例えばどの二直線も必ず交わっていて、いわゆる平行線は存在しない。また、EDGは、(7)の制約のためふつうの線分のようにまっすぐなものを引くわけにはいかない。

例えばEGを線分で結ぶと、それがFCDと交わるところに、もう一つ点があることになって(7)に反することになるからである。しかし、とにかく、(1)〜(7)を点、直線の幾何学的公理とみて、それをすべて満足するようなモデルが作り上げられたわけである。しかも、ここの点とか直線とかは、前にみたように人とグループでもよいのである。(1)〜(7)をみたすある構造は、対象が点であるとか、人であるとかを強く意識し、それらの間に作られる関係が直線であるとか、グループであるとかにこだわる必要はないということに注意しなくてはならない。ここにある対象は何でもよいのである。問題は個々の関係だけである。そこで、とにかくPで表わされるある集合を考え、その元をA、B、C、……とし、また、a、b、c、……などを元とする他の集合をGとしておいて、Pの元AとGの元aとの関係を

$a \sim A$　または　$A \sim a$　（Aはグループaに属する。直線aが点Aを通る。）

で表わしておいてもかまわない。このようにしてしまうと、Pという集合、Gという集合は、その元が何であるかということは予め何の説明も与える必要がないことになる。(1)〜(7)をこの記号で一貫して書きかえれば、PとGを合わせた一つの集合に、ある構造を与える公理系となる。このとき、Pの元とGの元は(1)〜(7)を満たすというだけで、それ以外の制約は何もない。それが何であるかの説明はぬけている。このような対象を無定義元素という。

幾何学における点や線は、ユークリッドが定義したように（Ⅱ章）、「点は部分のないものである。線は幅のない長さである。」というような定義をしても、実はその実態の説明にはならない。ここで必要なものは、それらの間の関係である。現代の公理的方法というのは、この様な姿のものであって、そこに出てくる対象が何であるかは別問題である。先程示したように、あるときは点と直線の問題とみてもよいし、あるときは人とグループの話であるとしても差し支えないので

ある。公理からの形式的な結論は、無定義元素に具体的内容を与えることによってはじめて具体的な内容をもつ結論になる。

われわれが示した二つの例のように、公理系(1)〜(7)を具体化したものを、その公理系のモデルとよんでいる。ある公理系のモデルはもちろん一通りではない。しかし、それらの間には共通なものがある。その形式的な共通性が実は公理系そのものなのである。

ユークリッドが使った、公理、公準という言葉も、現代ではこのような形式化されたものとして使われている。そのことを忘れると、現代の数学は甚だ理解しにくいものになる。

公理的方法のおこり

前節で、公理を使って実際にそのモデルを作ったが、公理はどのようにして作られるかについて説明しておかなくてはならないだろう。一つの数学理論を公理的に作るには、まずその理論の基本的な関係を明記し、それをできるだけ単純なものに精選する。そして、その基本的な関係の一組を公理系として、それから全理論を形式論理的に構成していくのである。このようにすることを、その理論の公理化という。

ユークリッドの『原論』(Ⅱ章)は、学問体系の典型として、二千年のあいだ学者から尊ばれていた。しかし、数学的思考が次第に厳密化された十九世紀に至って、数学者の中にこの体系化の方法に疑問を持つ人が出て来た。まず先に示したような点、線の定義のし方あるいはほとんど無意識に使われている経験的事実などが問題になった。これを徹底的に究明して、二千年来の聖典『〈幾何学〉原論』を根底から書き改め、ユークリッド幾何学の公理化（先にのべた意味での）に成功したのは、ドイツの数学者ヒルベルト（David Hilbert）である。彼は一八九九年にユークリッド幾何学を公理化して、『幾何学基礎論』（Grundlagen der Geometrie）を発表した。この論文は、新しい公理主義の出発点となった。これまでの「公理」に対する解釈を改めることを強調して、彼は「テーブルと椅子とコップを、点と直線と平面の代わりに取っても、やはり幾何学ができるはずだ」と言ったということが伝えられている。この意味は、前にわれわれがその一例を示した通りである。公理は構造を与える設計書で、具体的なものはそれによって作られた一つのモデルにすぎないことを強調した言葉である。

このように、公理が現実の対象を問題にしないとすれば、それ自体はまったく無内容で、いわば机上の空論ではないかという心配も出てくるだろう。ある公理をもとにした理論が果たして真実かどうかは、どのようにしてためしたらよいか、いちいち気がかりである。しかし、数学者達は、公理化という過程において、それらの心配を取り除き、数学の意味ある構成が可能なよう、その基礎を十分にかためている。公理系は、何を与えても、それに応じて構造が定まるというわけではない。数学的な構造を決定するためには、公理系にきびしい制約がつけられる。それを全部説明するのは大へん難しいことであるが、そのいくつかを説明しておくのがよいと思う。

まず公理系は無矛盾性をもたなくてはならない。その公理系から導き出される理論がどんなに大きいものになったとしても、その中のある命題と同時に、それと反対の命題（矛盾する命題）

が出て来てはいけない。矛盾の起こるようなものでは理論の名に値しないから、この要求は当然である。数学の理論の真理性は、その無矛盾性ということが、理論としての最小の要求である。

つぎに、公理はできる限り単純に、しかもそれからすべての理論が導き出せるように作られる。もちろん、出てくるものをすべて公理とすれば、そのつぎのものは、その公理から直ちに出るわけであるが、公理系としては、その中のどれもが、残りの公理から証明できないようなものだけで作られる。このように、公理系の中のある一つの公理が他のすべての公理から導きだせないとき、その公理は他の公理から独立であるという。独立でない公理は他の公理から導き出せるので、いわば無駄なものである。そこで、公理系では、公理がたがいに他の公理から独立であるかどうかを調べることが一つの問題である。

このような問題を独立性の問題という。そのほか、公理に対しての難しい問題がいくつかある。とにかく、公理はまったく勝手なものではなく、またその公理系の性格によって、理論に種々の様相や型の変化も起こり得るということをのべておこう。それらを詳しく説明するにはいろいろの準備が必要なのである。

ヒルベルトは、これらの問題を徹底的に究明した。そして『幾何学基礎論』という名で出されたこの公理的数学理論が、二十世紀における公理主義の方向を決定してしまったのである。一方、何年もたたずにシュタイニッツ（E. Steinitz）がその思想をうけて代数学の公理的建設を行なった。一九一〇年に出た彼の「体の理論」は、それ以前の代数学から、抽象代数学とよんで区別されるものを創り上げたのである。ところが現今では、もうこの「抽象」という形容詞は取り除かれ、代数学といえばその意味のものとなっている。ヒルベルトは幾何学に止まらず、数学というもののあり方にまで遡った。ヒルベルトの思想は、数学のあらゆる部門に大きな影響をあたえた。彼はやがて数学の基礎を論ずる『数学基礎論』へも彼の思想を発展させたのである。ヒルベルトは一九〇〇年の国際数学者会議で、いわゆる「ヒルベルトの問題」を提出したりして二十世紀数学の方向を決定するような大事業をいくつも残している。

3 代数的構造のいろいろ

正三角形の回転裏返し

正三角形を紙の上にかき、その上にそれと同じ大きさの正三角形の紙を重ね、重なり合った頂点に両方ともそれぞれA、B、Cと順に名前をつけておくことにする。正三角形の重心をGとし、A、B、Cからそれぞれ対辺へ下ろした垂線には順にk、l、mと名づけておいて、上の正三角形を動かして下のものに重ね合わせる操作をいろいろ考えてみる。次ページの図に示したように、三角形の紙片を動かす操作は六通りある。もちろん重ねる方の三角形は裏も表も同じにしておく。

まず、Gのまわりに回転して重ねる操作を

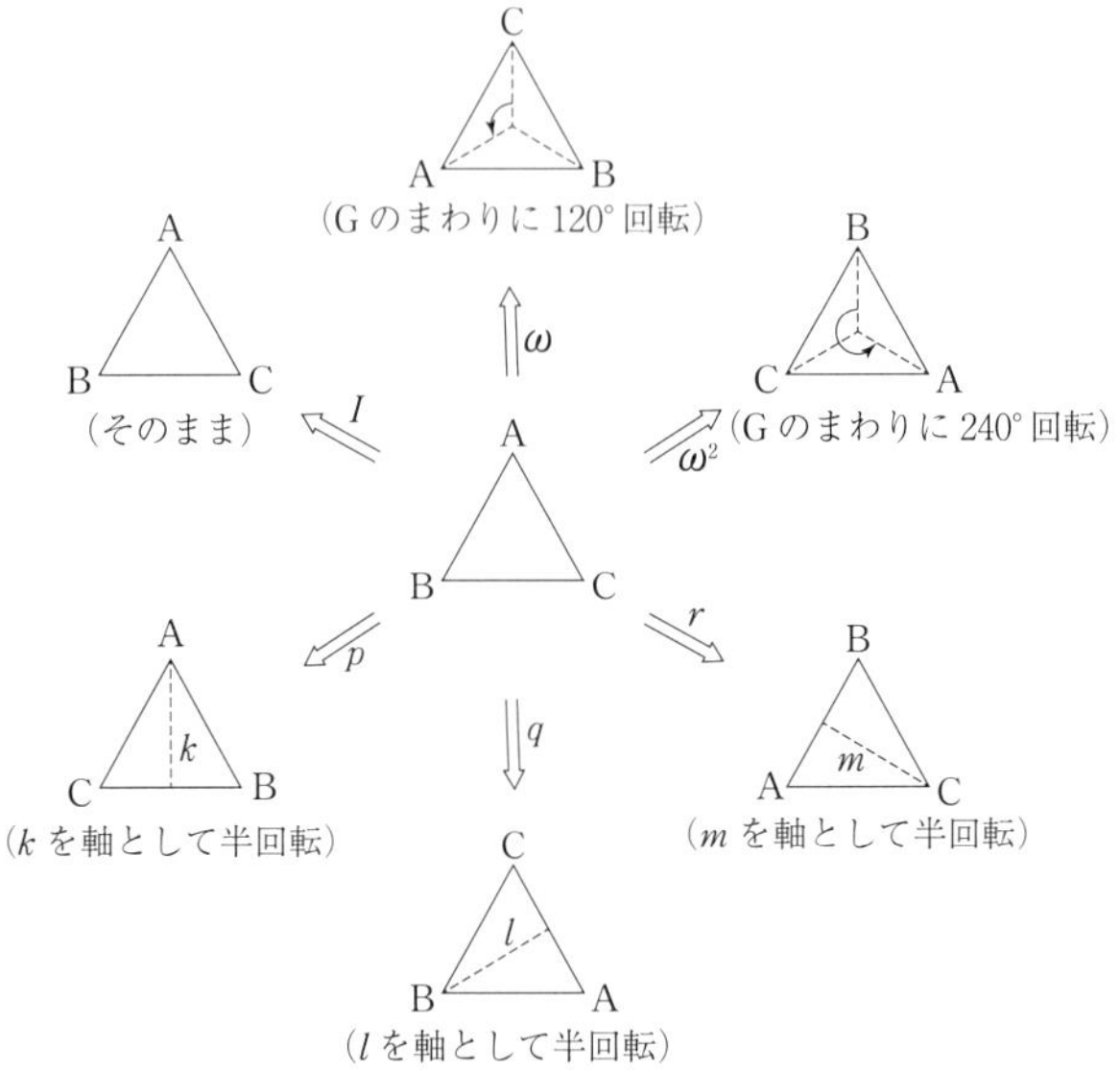

fig. 65

左まわりに一二〇度回転するときは

ω

左まわりに二四〇度回転するときは

ω^2

で表わす。つぎに各垂線を軸として、空間内で半回転して裏がえしに重ねる操作を

kを軸として半回転するときは　p

lを軸として半回転するときは　q

mを軸として半回転するときは　r

で表わしておく。これとともに、上の三角形を動かさないで、そのまま重ねておくことも操作の一つであると考えて、これをIで表わすならば、この正三角形を動かして重ねるためにつぎの六個の操作が定義できる。

I、ω、ω^2、p、q、r

この六つの操作のうち、任意の二つ、例

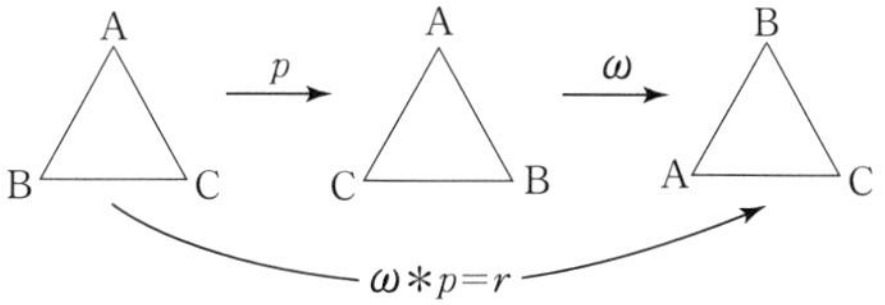

fig. 66

ωの操作　記号的表現

$$\begin{matrix} A & B & C \\ \downarrow & \downarrow & \downarrow \\ B & C & A \end{matrix} \qquad \omega=\begin{pmatrix} A & B & C \\ B & C & A \end{pmatrix}$$

えばpとωを続いて行なったとする。pによってBとCの位置が入れかわり、続いてωによってA、B、Cの頂点が順に一つずつずれていくから、その結果は、初めの位置でrという操作をしたのと同じになる。そこでpをしてつぎにωをすることを

$$\omega * p \quad \text{(後のものを左へ書く)}$$

とかき、pとωとの積とよぶことにする。いま確かめたように、pとωの積はrである。ここで、この六個の操作のどの二つの積を作っても、結果としては必ず六個の操作のうちのどれか一つをしたのと同じになるということに注意しなくてはならない。これはいちいち試してみればわかるのであるが、図をかきながらやるのは甚だうるさいので、もっとうまいくふうをしてみよう。

まずωという操作を考えてみると、これはAをBの位置に、BをCの位置に、CをAの位置に移すということにほかならない。そこで、三頂点の初めの位置を上の列に、移されたあとの位置を下の列に書いて、右の図の下側に示したように記号的に表わしてみる。こうすると六つの操作は、どれも三個の文字を並べかえる操作にすぎないことがわかる。ところが、三個の異なる文字の並べ方は、次ページの表に示された六通りだけである。そこで二通りの並べ変えを続けてしても、このうちのどれかになるはずである。ここまで見てくると、正三角形に対して考えた六つの操作の集合において、積は一種の二項演算と考えることができる。このように、

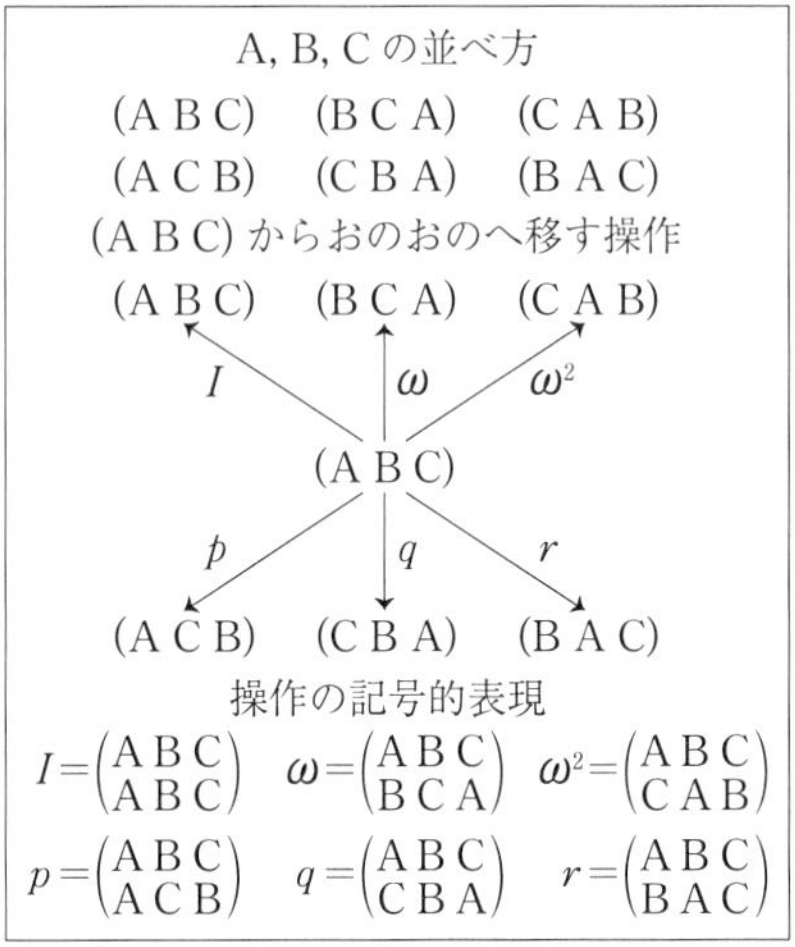

数の集合でないものに対しても、二項演算を定義できる場合がある。

　ところで、このような操作に関する性質を、図形を使わずにもっと形式的に取り扱うためには、「文字の並べ変え」という操作に注目して、その演算法則を確立しておけばよい。そこで、いったん図形を離れて、文字の並べ変えの操作について調べておこう。

置換

　一般に、何個かのものを、一列に並べたものを「順列」という。例えば三個の異なる文字を一列に並べると、その並べ方は六通りあるが、その一つ一つの順列を作っておいたとき、一つの順列から他の一つの順列へ移す（並べ変えをする）操作を置換とよんでいる。置換を取り扱うときは、並べるものは何でも同じことなので、数字を並べることにしよう。例えば三個の数字1、2、3を一列に並べる並べ方は、A、B、Cを並べるときとまったく同じで、順列の数は六個である。A、B、Cを並べ変えたときと同じことであるが、もう一度数字で書きかえておこう。さて、ここで置換の集合に二項演算を定義しなくてはならない。左に示すような三つの文字の置換

p_0、p_1、p_2、p_3、p_4、p_5

を元とする集合をPで表わそう。そして、例えば、p_3のつぎにp_1をするとき、p_3の左にp_1を書き、p_3とp_1の間に＊を入れて、p_3とp_1の積とよぶことにする。p_3のつぎにp_1をすれば、1、2、3、はそれぞれ

p_3で1→1、p_1で1→2

p_3で2→3、p_1で3→1

p_3で3→2、p_1で2→3

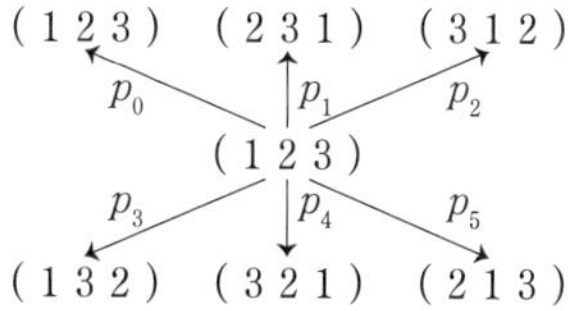

置換

$$p_0=\begin{pmatrix}1&2&3\\1&2&3\end{pmatrix}\quad p_1=\begin{pmatrix}1&2&3\\2&3&1\end{pmatrix}\quad p_2=\begin{pmatrix}1&2&3\\3&1&2\end{pmatrix}$$

$$p_3=\begin{pmatrix}1&2&3\\1&3&2\end{pmatrix}\quad p_4=\begin{pmatrix}1&2&3\\3&2&1\end{pmatrix}\quad p_5=\begin{pmatrix}1&2&3\\2&1&3\end{pmatrix}$$

$$p_1=\begin{pmatrix}1&2&3\\2&3&1\end{pmatrix}\qquad p_3=\begin{pmatrix}1&2&3\\1&3&2\end{pmatrix}$$

p_3のつぎにp_1をすること：

$$p_1*p_3=\begin{pmatrix}1&2&3\\2&3&1\end{pmatrix}\begin{pmatrix}1&2&3\\1&3&2\end{pmatrix}$$

と移っていく。したがってp_3のつぎに続いてp_1を行なえば、結果的には、1→2、2→1、3→3と移ったことになる。これはやはり一つの置換になる。はじめの表をみれば、この置換はp_5である。そこでp_3とp_1の積はp_5であるということになる。同様にして、どの二つの置換の積を作っても、その結果は、この六つの置換のどれかになる。積を作るときは、おのおのの上、下にある順列の数字の対応だけが問題になるのであるから、上下の数字の対応をくずさないで第二番目の置換の括弧内の数字の並べ方を変え、第一番目（右側）の括弧内の下の列の数字の順列と第

左＼右	p_0	p_1	p_2	p_3	p_4	p_5
p_0	p_0	p_1	p_2	p_3	p_4	p_5
p_1	p_1	p_2	p_0	p_5	p_3	p_4
p_2	p_2	p_0	p_1	p_4	p_5	p_3
p_3	p_3	p_4	p_5	p_0	p_1	p_2
p_4	p_4	p_5	p_3	p_2	p_0	p_1
p_5	p_5	p_3	p_4	p_1	p_2	p_0

積の表

$$\begin{pmatrix}1&2&3\\2&3&1\end{pmatrix}\begin{pmatrix}1&2&3\\1&3&2\end{pmatrix}=\begin{pmatrix}1&2&3\\2&1&3\end{pmatrix}$$

$$p_1 * p_3 = p_5$$

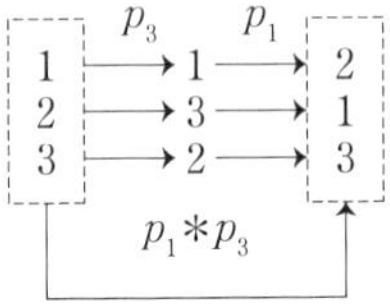

便法

$$\begin{pmatrix}1&2&3\\2&3&1\end{pmatrix}\begin{pmatrix}1&2&3\\1&3&2\end{pmatrix}$$
$$=\begin{pmatrix}\boxed{1\ 3\ 2}\\2\ 1\ 3\end{pmatrix}\begin{pmatrix}1\ 2\ 3\\\boxed{1\ 3\ 2}\end{pmatrix}$$
$$=\begin{pmatrix}1&2&3\\2&1&3\end{pmatrix}$$

二番目（左側）の上の列の数字の順列が同じになるように入れかえてもよい。こうすると第一番目の下の列と第二番目の上の列を消し、第一番目の上の列と第二番目の下の列をそれぞれ上、下に置いた置換が積として得られる置換になる。このようにするとわりあい形式的に積の計算ができる。とにかく、六個の元のうちの各二つずつの積を作ってみると上の表のようになる。この表は右と書いてある欄のものを右に、左と書いてある欄のものを左に書いた積である。この表をよく見れば、ここで定義された二項演算について、つぎのことが確かめられるだろう。

(1) 演算＊は結合的である。

(2) どの元も、p_0との積を作ると何の変化も起こらない。

(3) どの元pに対しても、それとの積がp_0となるような元p'を、Pの中で見出せる。もちろんpとp'が同じものであることもある。

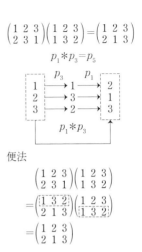

$p_0 * p_i = p_i * p_0 = p_i$
$(i=0, 1, 2, 3, 4, 5)$
$p_0 * p_0 = p_0$, $p_1 * p_2 = p_2 * p_1 = p_0$
$p_3 * p_3 = p_0$, $p_4 * p_4 = p_0$, $p_5 * p_5 = p_0$
$p_1 * p_3 = p_5$, $p_3 * p_1 = p_4$
$*$は可換ではない.

(4) ＊は可換ではない。

群

置換の集合とその中の二項演算の性質を基にして、ある集合に一つの構造を与えることを考えてみよう。

集合Gの元はa、b、c、……x、y、……など小文字で書くことにする。Gの中には演算＊が定義されていると仮定して、このGと＊についてつぎの条件がみたされているものとする。

(1) 演算＊は結合的である。
(2) Gの任意の元aをとったとき、aにeを結合しても、eにaを結合しても結果はやはりaのままであるような元eがGの中にある。eをGの単位元という。
(3) Gの任意の元aに対して、aにa'を結合しても、a'にaを結合しても、結果が単位元に等しくなるような元a'がある。a'はaから唯一つ定まるもので、これをaの逆元という。

これだけの条件がみたされるとき、Gは＊に関して群を作るといい、ここに示した条件を群の公理とよんでいる。群とはこの公理によって与えられる構造のことである。

(4) 特に演算＊が可換であるときは、この群を可換群またはアーベル群とよぶ。前に示した置換の集合は、積＊に関して群を作っている。この群を置換群という。置換は並べる数字がn

個あるような、もっと一般の場合についても考えられる。

前に見た三角形を重ねる操作の集合

$T=\{I、\omega、\omega^2、p、q、r\}$

も、本質的にはいま考えた置換の集合

$P=\{p_0、p_1、p_2、p_3、p_4、p_5\}$

と同じである。なぜなら、

Aと1、Bと2、Cと3

を対応させ、三角形の重ねる操作を一つ一つ置換と対応させ、一方の二つのものの積にはそれに対応する二つのものの積を対応させることによって、一方の事実がそっくりそのまま他方の事実にほんやくされ、その結果はそれぞれ対応するものが出てくるという仕掛けになっている。

このように、一対一の対応があって、対応するものの間の演算の結果もやはりその対応で関連しているとき、二つの群は同型であるという。群Pと群Tとは同型であったのである。同型な二つの群は、目前にある対象が違っていても、構造としてはまったく同一のものである。対象が違っていても、群として同型なことがわかれば、一方の事実は他方の事実にほんやくして考えることができる。さきに見た「三角形を重ねる」ということと「置換」というものとは群として同型であるから、前者については、置換群によってすべてを明らかにすることができるのである。この置換群のように、元の数が有限しかない群を有限群という。整数の集合は、

群の公理　演算 $a*b$

(1)	結合法則：	$(a*b)*c=a*(b*c)$
(2)	単位元の存在：	$a*e=e*a=a$
(3)	逆元の存在：	$a*a'=a'*a=e$
(4)	交換法則：	$a*b=b*a$

＊として＋、eとして0、a'として$-a$をとれば、群になることがわかる。すなわち整数の集合は加法に関して群を作っている。同じように、有理数、実数、複素数もそれぞれ加法に関して群を作っている。また、有理数、実数、複素数から0を除いた集合は、乗法に関してそれぞれ群を作っていることも容易にわかる。ただし、この場合に、単位元は1、aの逆元は$1/a$であることはいうまでもない。これらの群はいずれも無限にたくさんの元を含む可換群である。

群は、代数的構造の最も基本的なものの一つであって、群の理論についての研究をする部門を群論とよんでいる。群論のそもそもの起こりは、前にものべたように、方程式の根の研究の中に登場して来た、置換群である。可換群をアーベル群とよぶのも、群の研究の開拓者の一人であるアーベルを記念する名称である。

逆算について

加法の逆算が減法で、乗法の逆算は除法であるといわれているが、この逆算ということについてもう少し説明を加えておこう。

実は群の公理の(2)、(3)（単位元の存在と逆元の存在）は、この演算の逆算の可能性と同じ内容のことなのである。ただし集合Gの中で、演算＊の逆算ができるというのは、Gの任意の二つの元a、cを与えたとき

$$a * x = c, \qquad x * a = c$$

となるようなGの元xが見つけられるということである。この証明は大して難しいものではないがここでは省略しておく。このことから、群の公理は、演算が結合的であることと、その演算の逆算がつねに可能であるということの二つでおきかえることができる。整数が加法・減法で閉じているということや、有理数、実数、複素数などが、加法と減法、あるいは乗法と除法で閉じているということも、これらの群としての構造をのべているのである。

ある演算の逆算ができるかできないかは、その演算に関する構造に対し、決定的に重要な問題である。それについてはつぎにもう少し詳しくのべることにする。

環《かん》

群についてのべるとき、その集合では一つの演算だけが問題になった。したがって、数の場合も加法「＋」に関する群であるとか、乗法「・」に関する群であるとかのべていたわけである。ところが、数については、演算に加法と乗法と二つあるということがまたその集合の一つの特徴である。実際、置換群の場合には一つの演算しか出てこなかったのであるから、演算が二つあるということは、もっと複雑な構造をもっているということになるだろう。ところで、整数の集合Zは、加法に関しては可換群になっているが、乗法に関しては、たとえ0を除いておいても群にはならない。なぜなら逆算ができないからである。

そこで、整数のこの性質と同じような構造を抽象的に考えてみることにしよう。

一般に、ある集合Zにおいて、二つの演算が定義されている場合を考え、整数の場合と同様に一方の演算を＋、他の一方の演算を・で表わすことにする。これについて、

（i）＋に関しては可換群である。

（ii）・に関しては

（1）結合法則が成り立つ。

（2）＋に対する分配法則が成り立つ。

という条件がみたされるとき、Zは環を作るという。特に・に関しても交換法則が成り立つならば、この環は可換であるという。この場合は(ii)の(2)は一方の式だけでよいことになる。整数の全体は可換環になっている（整数環という）。環では、整数の場合になぞらえて、(i)の可換な演算の方を加法、(ii)の方の演算を乗法とよぶことが多い。この言葉を使えば、環は加法、減法、乗法に関して閉じた集合であるということができる。減法はもちろん加法の逆算の意味である。

整数以外に、有理数、実数、複素数もそれぞれ環である。また、数以外の例といえば多項式の作る環がある。それを簡単に説明しておこう。次ページで示すように多項式の集合には、和と積が定義できる。加法の単位元は、すべての係数が0の多項式、aの逆元（加法についての）は、各係数の符号を反対にした多項式をとれば、加法について群を作り、乗法と合わせて多項式が環を作ることは容易にわかる。

環の公理

演算　＋，・

(i)　＋に関する可換群

(ii)　(1) $a\cdot(b\cdot c)=(a\cdot b)\cdot c$

(2) $a\cdot(b+c)=a\cdot b+a\cdot c$

$(b+c)\cdot a=b\cdot a+c\cdot a$

交換法則

$a\cdot b=b\cdot a$

多項式

$$a_0x^n+a_1x^{n-1}+a_2x^{n-2}+\cdots\cdots+a_{n-1}x+a_n$$

(n は整数　($n\geqq 0$), a_0, a_1, $\cdots$, a_n は定数)

a：$a_0x^2+a_1x+a_2$　　　　b：b_0x+b_1

$a+b$：$a_0x^2+(a_1+b_0)x+(a_2+b_1)$

$a\cdot b$：$(a_0x^2+a_1x+a_2)(b_0x+b_1)$

$=a_0b_0x^3+(a_0b_1+a_1b_0)x^2+(a_1b_1+a_2b_0)x+a_2b_1$

環の性質として一つ注意しておきたいことは、抽象的に定義された環の加法単位元を0で表わしておくと、整数環における0とまったく同じように、これとどの元との積を作っても必ず0になるという性質があるということである。記号も＋、・など整数の場合と同じ記号を使ってはいるが、環の公理で定義される構造は、実際に整数と極めて良く似ているわけである。しかし、整数環には出てこない奇妙な性質もある。その例はあとで示すことにする。

剰余類・部分構造

整数の集合Zの群や環の構造を調べて来たが、これらはZ全体を対象として考えている。これに対してZの内部に含まれて、表面には出ていない構造もある。

整数を6で割った場合に、商を整数の範囲に止めて割り算をやめ、余りを出してみると、その余りは、つぎのどれかである。

0（割りきれる場合）、1、2、3、4、5

このいい方は、割られる数が負の数の場合に意味がわかりにくいかもしれないので、つぎのようにいい直しておこう。6に注目すると、どんな整数でも、6とある整数との積に、0、1、2、

$$a=6n+r$$
$$n=0,\ \pm1,\ \pm2,\ \pm3,\ \cdots\cdots$$
$$r=0,1,2,3,4,5$$
$$R_0=\{\cdots-12,\ -6,0,\ 6,12,\cdots\}$$
$$R_1=\{\cdots-11,\ -5,1,\ 7,13,\cdots\}$$
$$R_2=\{\cdots-10,\ -4,2,\ 8,14,\cdots\}$$
$$R_3=\{\cdots\ -9,\ -3,3,\ 9,15,\cdots\}$$
$$R_4=\{\cdots\ -8,\ -2,4,10,16,\cdots\}$$
$$R_5=\{\cdots\ -7,\ -1,5,11,17,\cdots\}$$

3、4、5のどれかを加えた形に表わすことができるはずである。この加える数0、1、2、3、4、5によって整数全体を組み分けしてそれぞれ、R_1、R_2、R_3、R_4、R_5で表わし、これを6を法とする剰余類とよぶ。

ここでR_0について考えてみよう。これは6で割り切れる数の集まりで、この中のどの二つの数を加えてもまた6で割り切れる。そして、R_0が加法に関して群を作ることもすぐ確かめられる。もともとR_0は整数の集合Zの部分集合であった。そしてZ自身が加法に関して群を作っている。このように、ある一つの群の部分集合がまた（その群の演算に関して）群を作っているとき、その部分集合の作る群を、もとの群の部分群という。R_0はZの部分群になっているのである。さらにR_0は環にもなっている。それはR_0の中の二つの元の積がふたたびR_0の元となることに注目して、環の公理をいちいち確かめて見ればすぐわかる。Zが環であって、その部分集合R_0がまた環になっている。このとき群の場合と同様に、R_0はZの部分環であるという。R_1、R_2などは部分環にはならない。さらにもう一つ注意すべきことがある。R_0の元と任意の整数をかけると、その整数がR_0に入っていようがいまいが、その積は必ずR_0に属するものになってしまう。例えば15はR_0に属さないが、15と6との積90はR_0に属している。このように、ある環の部分環で、もとの環の任意の元とその部分環の元との積がつねにその部分環の元になるとき、その部分環をイデアルとよぶ。R_0は整数環Zのイデアルである。イデアルの考えは環の理論における重要な概念である。クムマーは「フェルマの大定理」の研究の途上（一八四七年）で理想数という概念に到達したが、それを一般化してイデアルを定義したのはデデキントであった（一八七一年）。現代の数学者達はフェルマの定理の証明自体以上に、この発見を重視している。

実は一八四五年にクムマーが発表した「フェルマの大定理」の証明に対して、ディリクレが誤りを指摘したとき、クムマーはその誤りを正すために理想数を発見したのである。否定的な結果が、かえって新しい、豊かな発展への緒を与えたのである。ここでも歴史的な課題が新しい豊かな実りへの源泉となったという、数学史的な実例をみることができる。

剰余類の作る環

前に出た6を法とする剰余類について、もう少し考えてみよう。例えばR_2に属する整数a、R_3に属する整数bをとってみると、aとbの和は必ずR_5に属し、aとbの積は必ずR_0に属することがわかる。これは、いくつか実例でためしてみればすぐわかることであるが、きちんと証明するには、R_2に属する整数、R_3に属する整数を一般的な形で表現しておいて、直接計算を試みればよい（上に示した計算を参照）。

$$a=6m+2 \qquad b=6n+3$$
$$a+b=(6m+2)+(6n+3)=(6m+n)+5$$
$$ab=(6m+2)(6n+3)=6(6mn+3m+2n+1)$$

この事実は、R_2とR_3の個々の元に関するものというよりは、R_2、R_3の全体的な性質

和の表

	R_0	R_1	R_2	R_3	R_4	R_5
R_0	R_0	R_1	R_2	R_3	R_4	R_5
R_1	R_1	R_2	R_3	R_4	R_5	R_0
R_2	R_2	R_3	R_4	R_5	R_0	R_1
R_3	R_3	R_4	R_5	R_0	R_1	R_2
R_4	R_4	R_5	R_0	R_1	R_2	R_3
R_5	R_5	R_0	R_1	R_2	R_3	R_4

積の表

	R_0	R_1	R_2	R_3	R_4	R_5
R_0	R_0	R_0	R_0	R_0	R_0	R_0
R_1	R_0	R_1	R_2	R_3	R_4	R_5
R_2	R_0	R_2	R_4	R_0	R_2	R_4
R_3	R_0	R_3	R_0	R_3	R_0	R_3
R_4	R_0	R_4	R_2	R_0	R_4	R_2
R_5	R_0	R_5	R_4	R_3	R_2	R_1

を表わしている。そこでこの結果をR_2とR_3の和はR_5、R_2とR_3の積はR_0であるというのべ方をしてもよいわけである。このような考えは、R_0、R_1、R_2、R_3、R_4、R_5を元とする集合で演算を考えるという立場であって、いわば剰余類の二項演算である。このことを確認しておきさえすれば、上の表のような和と積の一覧表を作ることができる。

しかもR_0、R_1、R_2、R_3、R_4、R_5から成る集合が環（可換な）を作ることは明らかである。実際の計算は、加法も乗法も、0、1、2、3、4、5について行ない、その結果を6で割った余りが答になっていることに注意すれば容易である。

環として、ここで特に注目することは、R_0と他のものとの積がすべてR_0となること以外に、R_2とR_3、R_3とR_4との積がR_0になるということである。R_0は、いわば数の0（加法単位元）であるから、他のものとの積が0となることはうなずけると思うが、0でない二つの元の積が0になるという場合が起きている。一般の環においては、整数のような数の場合と異なり、加法の単位元でない二つのものの積が0になる場合がでてくる。このとき、その二つの元を零因子とよぶ。このことから、加法とか乗法とかよんでいたものも、実際には数の場合よりもっと広い内容のものであるということが理解されるであろう。

体《たい》

環は、簡単にいえば加法、減法、乗法に関して閉じた集合である。これに対して除法の可能性をもつ構造も現実に存在する。例えば有理数、実数、複素数などがそれである。そこで環からさらに一歩進めて、四則演算（二つの演算とそのおのおのの逆算）に関して閉じた集合を問題にしよう。一般に、二つの演算が定義されている集合を考える。ここでもその一方を加法とよび記号＋で表わし、他の一方を乗法とよび記号・で表わすことにしておく。これに関して

(1)　＋に関して可換群である。

(2)　＋に関する単位元を除いたものが、乗法に関して群を作る。

(3)　分配法則が成り立つ。

という条件をみたすとき、この集合は体《たい》を作るという。特に乗法に関しても交換法則が成り立つとき、この体を可換体という。有理数、実数、複素数はそれぞれ可換体になっている。

要するに、体とは、環であって、それがさらに乗法に関しても群の条件をみたしているもののことである。体の例としては素数（例えば、3、5、7など）を法とする剰余類がある。この体は元の数が有限個であるから、有限体とよばれている。例えば5を法とする剰余類が体を作ることを確かめるには、6を法とする剰余類の場合のように、和と積の表を作ってみるがよい。6を

法とする剰余類は体を作らないことは、前に示した表をみれば明らかであろう。これらについての詳しいことは省略する。

さて、これまでに、群、環、体と代数的構造をつぎつぎに調べて来たのであるが、これらが、数の中にふくまれている構造であったということも重要である。われわれが、漠然とよんでいる数という言葉の中には、こうした構造を暗々のうちに仮定しているわけである。しかし、群にしても、環にしても、それらにはまだ体ほどの演算の自由性がなかった。数の演算にちなんで、群、環、体の特徴を大まかにのべるとつぎのようになる。

群とは加法と減法（あるいは乗法と除法）に関して閉じた集合、環とは加法、減法、乗法に関して閉じた集合、体とは加法、減法、乗法、除法に関して閉じた集合である。

4　位相的構造とは

実数を直線上の点で表わす

構造という言葉が使われる理由は、あるものの成り立ちを、その原理にまで立戻って分析してみるというところから起こったものであるから、これを見抜くことこそ、数学の本態を見抜くことになるといってよいわけである。

このような立場に立って、以下身近に知られている実数の本態を分析することにかかってみよう。実数というと、はじめにのべたように、余りにもよく知られていて、これをいちいち掘り返すのはまことに奇異な感じをもたれるかもしれないが、実数というものの構造を完全に捉えるということは、むしろ数学自体の大きな問題なのである。実数は数学のいろいろの部門の基礎に結びつく基本要素であって、ある問題を深く追究すると、それが結局実数そのものの問題に帰着されてしまう場合も少なくない。

実数には、有理数のもっていないいくつかの性質がある。その性質を調べるには、実数を直線上の点で表わすという、よく知られた方法をとるのが便利である。この場合に、有理数に対応する点を有理点とよんでおこう。また、ある実数aに対応する点は、この数をそのまま点の名にして、点aというようによぶことにしておく。

例えば3に対応する点を、点3とよび、$\frac{1}{3}$に対応する点は、点$\frac{1}{3}$というようによぶのである。有理点は直線上に極めて密に分布している。ふつうの見方をすると、大体すき間が感じられないだろう。例えば、二つの有理点a、bをとってみると、aとbの和の半分に対応する点が必ずその間にある。これを続けて二点の中央の点をつぎつぎととっていくと、点はいくらでも接近し、有理点を一つ一つ切り離して見るということは不可能なように思える。それにもかかわらず、有理点だけをとったのでは直線上に依然としてすき間がある。なぜなら、$\sqrt{2}$に対応する点は有理点ではないがやはり直線上にあるからである。このような無理数に対応する点を無理点とよぶならば、直線は有理点と無理点の合併集合となっているわけである。有理点が如何にも密に分布しているようでも、そのほかにまだ無理点がいくらでも入り込んでくる。

　このような感覚的な見方をしていると、実数の性格は仲々つかみにくいので、実数の基本となる性質を捉える手がかりとして、まず数列というものを考えておくことにしよう。数列というのは、例えば自然数

1、2、3、4、……

とか、偶数

2、4、6、8、……

とか、

1、$\frac{1}{2}$、$\frac{1}{3}$、$\frac{1}{4}$、……

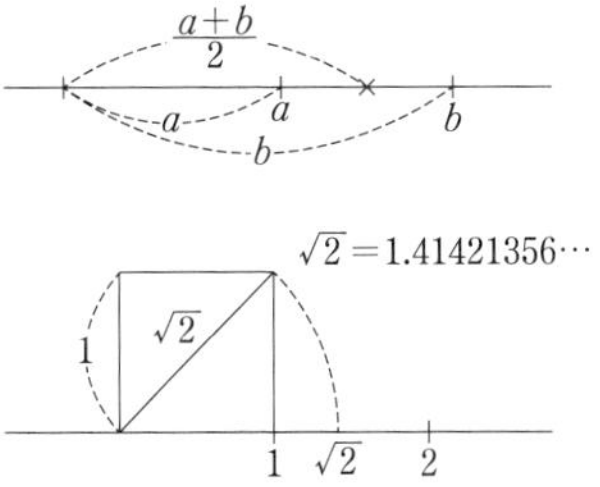

fig. 67

のように、一般に数を順に一列に並べたもののことであって、つぎにどんな数が並ぶかということ以外には何の制限もつけられていない。

ふつうこれを、

a_1、a_2、a_3、a_4、……a_n、……

あるいは、$\{a_n\}$のように表わし、並んでいるおのおのの数を、その数列の項とよんでいる。ここで問題になるのは、項の数が無限に多くある、いわゆる無限数列であって、a_nでnをつぎつぎと大きくしていったとき、a_nがある一定の数に近づくかどうかが最も重要な点である。例え

ば、数列$\left\{\frac{1}{n}\right\}$では、$n$をしだいに大きくしていくと、$\frac{1}{n}$は限りなく0に近づいていく。このように、数列$\{a_n\}$で$n$を限りなく大きくしていくとき、$a_n$が限りなく一定の値に近づくならば、$\{a_n\}$はその一定の値に収束するといい、その一定の値を、この数列の極限という。もちろん、自然数の数列のように、a_nがいくらでも大きくなってしまったり、

$$1,\ -1,\ 1,\ -1,\ 1,\ -1,\ \cdots\cdots$$

のように、いつまでたっても一定の値にはならず、不安定に振れているものもある。

$\{a_n\}: a_1, a_2, a_3, \cdots a_n, \cdots\cdots$

$\left\{\frac{1}{n}\right\}: 1, \frac{1}{2}, \frac{1}{3}, \cdots, \frac{1}{n}, \cdots\cdots$

$\frac{1}{n} \to 0$　または $\lim_{n\to\infty} \frac{1}{n} = 0$

各項が実数であるような数列では、そのおのおのの項の数を順に直線上に印していくと、直線上に点の列ができる。数列のようすを直観的に見ようとしたらこの方法が便利である。$\{a_n\}$の極限がaであるというのは、点a_nがしだいに点aに近づいていくということである。

0に収束する数列でも

$$1,\ -\frac{1}{2},\ \frac{1}{3},\ -\frac{1}{4},\ \frac{1}{5},\ -\frac{1}{6},\ \cdots\cdots \quad \left\{\frac{(-1)^{n-1}}{n}\right\}$$

のように、0の右左に分布していて、しだいに近づくものもある。いずれにしても、0に収束する数列は、直線上の点列で表わすと、点が0の付近に密集している。この密集するという状態をうまく説明するためには、近傍《きんぼう》という概念を使うと便利である。

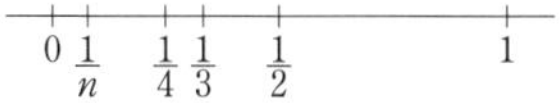

fig. 68

近傍

ある点の近傍というのは、その点をふくみ、その点の近くにある点の集合のことである。例えば、0に近い点の集合といっても、漠然としているので、実際は-1と1の間の点全体、あるいは$-\frac{2}{3}$と$\frac{2}{3}$の間の点全体というように、その近い点の範囲を定めておくのがふつうである。直線上ではこのような範囲を区間という。それを、記号では両端の点を並べて、括弧でくくって表わす。さてここで近傍という言葉を使って、ある数列$\{a_n\}$がaに収束するということをはっきりのべてみよう。

直線上の点a_1、a_2、a_3……、a_n、……の集合をAとする。Aがaに収束する（$\{a_n\}$がaに収束するということのいいかえ）ということは、aの任意の近傍をとると、その近傍がどんなに小さくても、集合Aの点は有限個を除いてその近傍の中に入ってしまうということである。これはさきに示した例でも容易にわかる。試みに、0のいくら小さい近傍でもいいから一つとってみるがよい。数列$\left\{\frac{1}{n}\right\}$の点も、数列$\left\{\frac{(-1)^{n-1}}{n}\right\}$の点も、その近傍の外にある点は有限個しかない。つぎつぎに近傍を小さくすれば、近傍内の点はいくらかは少なくなるだろうが、いくつかが除かれたとしても、有限個を除く点はすべてその近傍内に入ってしまうだろう。このように集合Aに対し、ある点aの任意の近傍が、有限個の点を除いたAの他のすべての点を含むとき、aをAの極限点とよぶ。

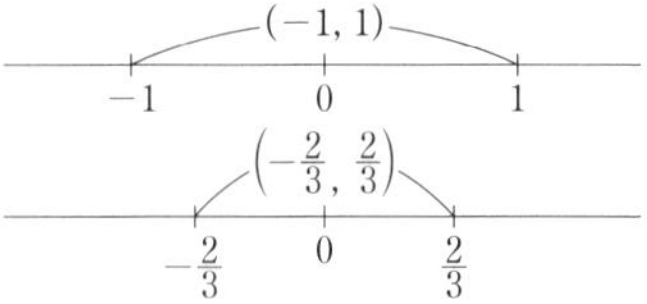

fig. 69

fig. 70（A）

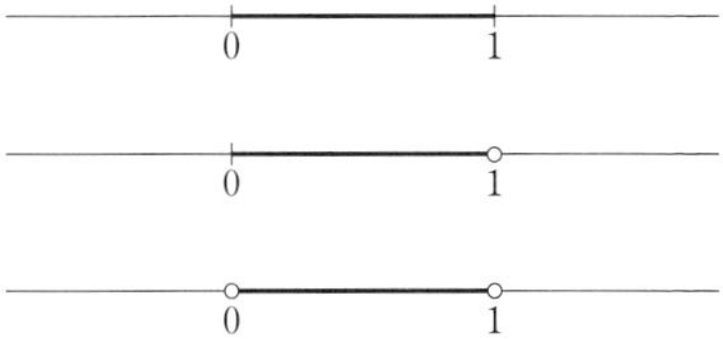

fig. 70（B）

図70に示すように、一つの集合Bに属する点が、二つ以上の点のまわりに密集することもありうる。aのどんな小さい近傍をとってもBの点が無限に多く入っているし、bのどんな小さな近傍をとってもやはりBの点が無限に多く入っているというような場合がある。このようなときは、極限点と区別するために、a、bを集合Bの集積点という。ある点が集合Bの集積点であるというのは、その点の任意の近傍をとっても、Bの点が無限に多く含まれるということである。集積点は三つ以上あることもある。もし、その集合に集積点が一つしかないならば、その集積点は極限点になるわけである。集積点は、考える集合に属していないこともある。例えば$\left\{\frac{1}{n}\right\}$で表わされる点の集合の極限点0はこの集合に属していない。一般に一つの集合Bに対し、Bに属する点も、Bの集積点でBに属しない点も、ともにその点の近傍をとれば、その近傍がいかに小さくても、必ずBの点をふくんでいる。そこで、これらを点集合Bの触点という。Bの触点というのは、Bの点であるか、またはBの点がその付近に密集している（がBには属さない）点のことである。

「触点」は字義の通り、集合Bに接触している点ということである。

開集合・閉集合

ある点集合が、その集合の触点を全部含んでいるとき、その集合を閉集合という。例えば $\left\{\frac{1}{n}\right\}$ の点列は0に収束するが、この集合は0をふくんでいない。すなわち0はこの集合の触点であるが、この集合には属していない。したがってこの集合は閉集合ではない。しかし、この集合に0を含めておけば、Aと一点0との合併集合は閉集合である。集合で最もわかり易いのは、例えば0と1の間の点全体と、その両端0、1とから成る集合である。この集合はふつう閉区間とよぶならわしになっている。実数を表わす直線上のすべての点の集合Rはもちろん閉集合である。これに対し、空集合もまた閉集合であるということができる。空集合には触点がないのであるから、空集合にはその触点がすべて含まれているといってもさしつかえないだろう。

閉集合Aがあったとき、直線上のすべての点の集合Rから閉集合Aの点を全部除いた集合、すなわちAの補集合のことを開集合という。開集合の特徴は、その集合のどの点をとっても、考える集合に完全に含まれるような近傍がとれるということである。これについて少し詳しい説明をしておこう。集合Bが開集合であるというのは、Bがある閉集合Aの補集合になっているということであるから、Bの性質は閉集合Aと関連させて考えられる。Bが開集合ならば、Bの任意の点はAの触点にはなり得ない。なぜならAの触点はすべてAに属しているからである。ある点がAの触点でないとすれば、その点にはAの点をまったく含まない近傍があるはずである。この近傍はAの点をまったく含まないから、すべてBの点ばかりでできている（Aにふくまれない点はすべてBに含まれているはずである）。したがって開集合の任意の点には、その集合に含まれるような点だけから成る近傍があるということになる。

前にのべた0と1の間の点の全体（0、1は含まない）は開集合である。これは開区間とよばれている。開集合はいくつ集めても、それらの合併集合がやはり開集合になる。また、R自身開集合である。なぜなら、Rは空集合（閉集合である）の補集合だからである。同じ理由で、閉集合Rの補集合としての空集合もまた開集合である。けっきょく、直線全体Rと空集合とは、閉集合でもありまた開集合でもある。

集合の中には、閉集合でもなければ、開集合でもないという集合がある。例えば、0と1の間の点全体と0との合併集合がそうである。なぜなら、この集合の触点である1がこの集合には属さないからである。また、この集合の補集合の触点である0は、補集合に含まれていないので、補集合は閉集合ではない。したがって、考える集合は開集合ではない。

位相的構造

さて、ここで直線上の開集合の集まりのもつ性質について反省してみることにしよう。これまでのべて来たところを整理するとつぎのようなことである。

(1) 直線全体および空集合は開集合である。

(2) 任意個の開集合の合併集合はやはり開集合である。

(3) 二つの開集合の共通集合もまた開集合である。(3)は説明しなかったが、ほとんど明らかである)。

このような事実をとり上げて列挙したのは、これから先の重要な一般化の前置きにしようというつもりなのである。さきに、われわれは近傍という概念を取り上げた。これは、いままで開区間のことであった。そこで近傍の考えを一般化し、どんな開集合も、それに含まれる点の近傍であるとすることにより、近傍の概念から、直観的に見た遠い近いの概念を取り払うことができる。近傍という文字からうける印象は、いかにもその付近という感じであるが、これをその点を含む開集合というものにおきかえてしまうのである。このようにすればR全体は、開集合(もちろん開区間もそうである)によって構成される一つの構造と見ることができよう。開集合によって定まる構造は、直線上の点のつながりぐあいを規定する。さきにのべた集積点、触点の概念は、「近傍」の代わりに「開集合」という言葉を使って定義される。また閉集合は開集合の補集合としておけばよい。

いま直線上の点の集合Rにおいて考えたことは、任意の集合に対して一般化される。そのためには、集合Sに対して抽象的にいまのような構造を定義すればよい。

Sの部分集合の「集まり」が

(1) Sおよび空集合もその集まりに属している。

(2) この集まりに属している任意個の集合の合併集合もまたこの集まりの中の集合である。

(3)　この集まりに属している任意の二つの集合の共通集合が、やはりこの集まりの中の集合である。

という条件をみたすとき、その個々の集合を開集合といい、開集合によって定義される構造をSの位相という。

Sに位相が与えられたとき、集合Sを位相空間とよぶ。このような抽象的な定義をすると、どんな集合にも位相を与えることができるし、また位相の与え方も一通りではないことがわかる。位相の与え方によって、同じ集合でも位相空間としては違った構造をもち得るわけである。それは位相の与え方を変えれば、点のつながり方がおのずと違ったものになるからである。平面上の点の集合でも、空間の点の集合でも、それぞれ適当なし方で位相を与えることができるのである。

実数の集合では、代数的には体の構造をもっていることを確めたが、ここでさらに位相構造をもぬき出すことができた。実数が、この二面性を持っているということは、極めて重要である。

位相数学

ある集合に位相を与え、その集合の位相構造について研究するのが位相数学である。位相数学は最も現代的な数学の一つである。位相構造についても、群、環、体の場合と同様に、二つの位相空間が本質的に同じものであると見なされるときは、たがいに同型であるという。位相空間が同型であるとき、これを位相同型であるというが、そのことをもっとはっきりのべておこう。二

つの位相空間が位相同型であるというのは、

(1) 二つの空間の間に、一対一の対応がつけられるような写像fがあり、

(2) fによって、一方の空間の開集合と他方の空間の開集合が互いに移り合う

ということである。

一つの位相空間Sから、他の位相空間S'への写像は、もしS'の一つの開集合V'を指定したとき、いつでもSの方に適当な開集合Vを見出して、Vのfによる像がV'に一致するようにできるならば、それは連続であるという。これは微積分学で使われる$\varepsilon-\delta$論法による函数の連続の定義の抽象化になっている。この言葉を使うとSとS'が位相同型であるとは、SからS'への一対一の写像fがあって、fおよびfの逆写像（S'からSへの写像で、fによって移された点をもとの点へもどす写像）が連続なときであるということができる。これを一対一両連続な写像、または位相写像とよんでいる。例えば、直線をゆがめ、あるいは引きのばしたとしよう。点の位置や、二点間の距離は変わるであろうが、開集合は互いに対応している。したがってこのような変形によって得られた曲線と直線とは位相同型である。

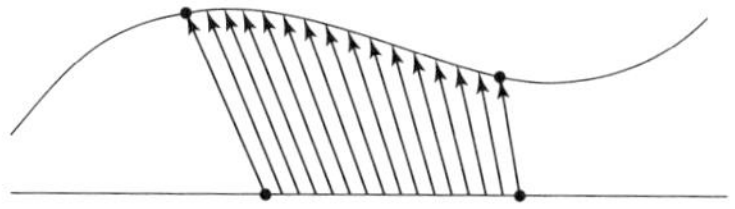
fig. 71

Ⅸ章　現代に生きる数学

1　偶然の処理

確からしさ

日常の会話でも、しばしば「……らしい」「きっとそうなるだろう」「おそらくそうなるだろう」などというように、何事かが起ることに対する推量の言葉がよく出てくる。われわれが現実に目で見ない限りは、つぎに何事が起るかわからないという場合が少なくない。仮に東京で外出する場合を考えてみよう。

東京では毎日交通事故で何人かの人が死亡している。多い日には死亡者が数人、負傷者も何十人にのぼっている。この数字を見ると外出も気が重くなる。しかし、毎日勤めに出ていても、一生けがもなく終わる人もいる。そうなると事故に遭うという人はまことに不幸な偶然に当面したというほかはない。その偶然を余りにも過大に見積ると、われわれは外へ出ることもできない。いや家の中にいたって自動車が飛び込むこともある。自動車の通らないところに住んでいたって飛行機が落ちてくるかもわからない。こうなると、天の下住むところなしということになってしまう。しかし、東京で交通事故の死亡者は、一千万人近い人口のうちの二、三人にすぎないということを知っている。したがって、簡単にいえば一千万回の外出をすると二、三回は死ぬ可能性がある。もっとも一度死ねば二度目にまた死ぬというわけにはいかないが、少々乱暴な割合計算をしたわけである（編集部注　原著刊行時の状況。現在では週に二、三人）。

人が仮に四十年間毎年三百日ずつ勤めに出たとしても、それは僅か一万二千日にしかならない。多めに見積って一千万人中四人が死亡するとしても、一千万分の四すなわち二百五十万分の一であるから、ざっと二百五十万回の外出で一回位は死ぬ心配があると見てよいだろう。しかし、われわれの一生では、危険に近づく回数はそんなに多くはない。けたちがいに少ないので、まああ心配せずにいられるというわけである。

かけごとには必ず憶測がつきまとう。勝ちたい、そして負けられない。そのためにどちらにかければよいかを考える。もちろん勝敗がわからないからかけるのであって、負けることがわかっていれば、それにかける人はいない。

かけごとは、必ず勝つと思っても、多くの場合負ける可能性も十分に入っている。問題は勝つのと負けるのとで、どちらの可能性が多いか、どちらの方が確からしいか、ということである。

こうした漫然とした確からしさをいかにして把握するかが問題である。原因がわかっていて、その結果を推測するというならば、その起こり方も見当がつけられる。しかし、まったく偶然に起こることの確からしさは、その原因究明といっても究明の手だてがない。そこで、偶然に起こる事柄の起こり方を数量的に捉えようというのが確率である。字義の通りにいえば確からしさの割合とでもいえばよいであろうが、そう簡単に割り切れる話でもない。

偶然をどう処理するか

偶然に起こることといっても、これにはいろいろの種類があるだろう。人が外出して交通事故に遭うというようなことは、誰でも予測できない。予測できるなら誰も交通事故には遭わないだろう。しかし、さいころを投げれば1から6までのどれかが出ることは確実で、さいころさえ正確に作ってあればどの目がでるのもほとんど同じように期待できる。そして1の目が出るのは六回に一回の割合だろうと予想するのも常識的である。これはともかく、ある法則性をもって予期されるような偶然であるといってよいだろう。

偶然ということを哲学的に論ずるということは本書の主旨ではない。ここではこのような偶然の事象をいかに数学的に処理するかにある。そのためには、多くの数学者がいろいろのくふうをした。

ラプラスは確率をつぎのように定義した。さいころを投げるとき、起こり得る場合の数は1から6までの六通りであるから、1の目が出る確率は$\frac{1}{6}$であるとするのである。

これをもっと一般的にいえば、ある事象の起こる確率というのは、起こり得るすべての場合の数で、その事象が起こるのに都合のよい場合の数を割った値であると定義するのである。確率をProbabilityの頭文字Pで表わし、起こり得る場合の総数をn、その事象が起こるのに都合のよい場合の数をaとすると、Pは$\frac{a}{n}$である。

事象の確率

$$P=\frac{a}{n},\quad 0\leqq P\leqq 1$$

$$\text{事象の確率}=\frac{\text{事象の起こる場合の数}}{\text{場合の総数}}$$

一枚の硬貨を投げたとき、その表が出る確率も、裏が出る確率もともに$\frac{1}{2}$である。もちろんPの値は1と0の間（1または0も含めて）である。ある事象がいつでも確実に起こるというならPは1、絶対にその事象が起こらないというならPは0である。常識的にいえば、何回も何回もくり返しためして見るとき、ある事象がn回にa回の割合で起こる、あるいは起こるはずであるということである。このような取り扱いのできる事象を「確率事象」という。「このような取り扱いができる」という言葉は甚だあいまいであるが、ここではさいころを投げる場合のように、「同一条件のもとで何回でもくり返しができ、その事象が起こったかどうかを確かめることができる」ことであると解釈しておいて頂けばよいだろう。

確率事象と確率空間

さいころを投げるとき、基本的に「1の目が出る」「2の目が出る」……「6の目が出る」という六つの事象が考えられる。これらの事象を組み合わせると、さらにいろいろの事象ができる。例えば

(1) 1の目か6の目が出る。

(2) 奇数の目が出る。

(3) 1の目も、6の目も出ない。

(4) 3以下の目が出る。

などである。例えば(1)の場合には、1の目が出る確率が$\frac{1}{6}$、6の目が出る確率が$\frac{1}{6}$である。常識的にいって、六回に一回は1の目が出るし、六回に一回は6の目が出るので、六回に二回は1か6が出るはずであると考えられる。すなわち(1)の起こる確率は$\frac{1}{6}$と$\frac{1}{6}$の和すなわち$\frac{1}{3}$であるといってよいだろう。同じように考えれば、(2)の確率は$\frac{1}{6}$を三つ加えたもの、すなわち$\frac{1}{2}$であるといえる。

このように、基本的な確率事象の組み合わせと考えられる確率事象については、その確率を、基本的な確率事象の確率を使って計算するということが、実際に行なわれる。そのためには、確率事象のはっきりした性格を捉えておく必要がある。少し抽象的ではあるが、これを法則的にまとめておこう。

まずA、Bという二つの確率事象を考えたとき、「AまたはBが起こる」ということ、「Aが起きかつBも起こる」ということ、「Aが起こらない」ということも、みな確率事象であるとしよう。また、Aが起こらないという事象をA'で表わし、ある事象Xの起こる確率をかんたんに$P(X)$で表わすことにする。

このとき、

(1) $P(A)$と$P(A')$の和は1である。

(2) AとBが同時には起こらない確率事象ならば、AまたはBの起こる確率は$P(A)$と$P(B)$の和である。

これらは、さいころの例から容易に確かめられることであろう。

ここで考えたことをもっと的確に表現するためには、集合の記号を使うのが便利である。いま「1の目が出る」「2の目が出る」……「6の目が出る」という六個の事象を考えるに当って、これらの事象をかんたんにそれぞれ、1、2、……、6と表わすことにしよう。すると、さいころの場合の基本になる事象は、六つの元から成る集合

$$F=\{1, 2, 3, 4, 5, 6\}$$

である。これに対して、1の目が出るという事象、6の目が出るという事象は、それぞれただ一つの元から成る集合$\{1\}$、$\{6\}$である。これらはもちろんFの部分集合になっている。また、奇数が出るという事象は、集合でいえば

$$A=\{1, 3, 5\}$$

偶数の目が出るという事象は、集合でいえば

$$B=\{2, 4, 6\}$$

となる。ここでA'はBになることも明らかであろう。

このようにすると、確率事象というものは、けっきょくある一つの有限集合の部分集合で、確率とはそれに対して定まる数値であるということになる。

ここまでくると、確率を公理的に組み立てることが考えられる。

一つの有限集合Fの部分集合Mに対して、それぞれ一つの実数$P(M)$が定まり、この$P(M)$の定め方に関して上に示す条件がみたされる時、Fは（有限）確率空間を作るという。この時、Fの部分集合Mはすべて確率事象とよばれる。

(1)　$M \subset F$なる任意のMに対し

$$0 \leqq P(M) \leqq 1$$

(2)　$M \cap N = O$（空集合）ならば

$$P(M \cup N) = P(M) + P(N)$$

(3)　$P(F) = 1$

$P(M)$はMの起こる確率と名づけられる。

これをさきほどのさいころの場合に適用してみれば、$P(A)$の値は$1/6$にAの元の数を掛けるという計算ができることになる。

硬貨の場合ならばFは0と1（表と裏）だけの集合である。このように確率空間を設定しておけば、さいころを投げるとか、硬貨を投げるということは、確率空間の元を指定することにほかならない。

確率はいたるところで使われる

これまで、さいころや硬貨ばかり使って確率というものの意味を説明して来たのであるが、これはあくまでも説明の便宜上の問題である。

確率論の発達には、賭博というようなものが大きい刺激になっていたのは確かである。それとともに、個々の現象を集計して集団的な現象として捉えようとする統計的方法は、やはり確率論に支えられている。現代社会には無数の大量な集団的現象が存在する。これを処理するためには、どうしても確率論的な考察が必要である。

統計的な方法は最近盛んに使われている。行政上の問題、経済上の問題はいうに及ばず、社会現象を集団的に把握しようとするところには、つねに統計的方法が使われるといってもよいであろう。

商品の検査に無作意抽出法というのがある。つまり、全製品を一つ一つ検査する代わりに、その一部を無作意にぬきとり、それを検査してその中にある不良品の率から、製品全体の不良度を判定するわけである。ここで無作意にぬき出すといったが、これは案外に難しいことで、そのためにまたいろいろの方法がくふうされている。

世論調査というのも、これと同じ方法である。選挙の予想などもそうである。この方法で結論を出すためには、確率論の裏づけがなくてはならない。無作意という、極めてでたらめな取り方によって全体の見本をとり出すという考え方であるから、そこには推定を誤る場合をはっきりつかんでおかないと意味がない。いわば推定の危険率を知る必要がある。このようなこともみな確率論の中で論じられる。

抽象的な数学理論として作られる確率論は、単なる抽象論に止まらず、この現代社会のあらゆる面で活躍している。数学は今世紀にはいって、いよいよ抽象化されたのであるが、それは単なる抽象に止まらず、より広い適用を見つける可能性ももつのである。

これからあと、この社会に生きる数学の一面として、今や世の注目のまととなっているオペレーションズ・リサーチと、電子計算機について触れることにしよう。

2　オペレーションズ・リサーチ（O・R）

戦争の生んだもの

戦争は殺傷と破壊のむごたらしいこん跡を残すのが常である。人類はなぜお互いにこんなむごたらしい争いをしなくてはならないのだろうか？　第二次世界大戦の傷跡は、二十余年を過ぎた今日でもまだ決して消え去ってはいない。こんなことがくりかえされてはたまらないと思うのが人情であろう。しかし、この大戦後日本の状態はまったく変わってしまった。日常生活から物の考え方まで驚くべき変化をしている。戦争が歴史の流れの一つの転機となることは確かなことのようである。これは科学の世界でも当然起こることで、戦争を契機として新しい局面が生まれてくることも少なくない。

研究が科学者を戦争に結びつけ、戦後になっても科学者の純粋な研究が再び戦争目的に連なるのではないかなどとの疑いをもたれ、世の人々にいろいろの心配をさせることがある。しかし、科学の歴史が語るように、その研究の起こりが何であろうと、それが科学者の純粋な探究の対象となって研究され始めると、初期の目的からは次第に離れ、概念が一般化され、新しい理論が組み立てられ、適用の部面も恐ろしく広範になるのがつねである。

第二次世界大戦における、ドイツの、V_1、V_2ロケットの研究は、ミサイルというようないまわしい兵器への発展もあるが、科学の立場からみればそれは恐らくほんの片すみのもの（使われると恐ろしい結果にはなるが）であろう。われわれの関心は、むしろこの地球を宇宙の中の地球として強く意識させた人工衛星、人工惑星といった方向に向いてしまう。広大な宇宙の中の小さい地球を思うと、われわれ人間の存在の微小さ、そのまた争いのあまりにもはかなさをしみじみと味わされる。

こうした宇宙開発へのきっかけが、兵器研究からの産物であるからといって、その研究を排撃するわけにはいかないだろう。われわれの最もいまわしい思い出は、あの広島、長崎に投じられた原子爆弾である。しかし、これもいまや原子力そのものの研究に発展し、エネルギー革命ともいうべき時代を導き、人類が原子力研究にかける夢もはかり知れないものとなっている。

このように、目で見たもの、直接体験したもの、あるいは報道によって直ちに知らされた事実ばかりでなくて、一般にほとんど知られなかったものでも、戦争という恐ろしい思い出のかげにひそかに生まれ出た新しい科学がいくつもある。もちろん戦争がなくても、そのようなものはやがて科学者が別の面から研究に関心をもつようになったかもしれない。しかし現実には戦争の暗い思い出に連なったことがあるというのは何とも悲しいことである。

作戦研究

オペレーションズ・リサーチ（Operations Research）も、実は戦時中の軍の「作戦研究」がその直接の出発点である。

オペレーションズ・リサーチというのはアメリカ語で、英語ではオペレーショナル・リサーチといい、ふつう略してO・Rとよんでいる。そもそもの起こりは第二次世界大戦の当初、イギリスがドイツ空軍の空襲に対して行なったレーダー作戦である。戦争中は多くの科学者が軍事研究に動員された。ふつうには科学者の軍事研究といえば兵器の研究にあると思われているかもしれない。しかし英・米の軍の幹部は科学者を招いて作戦上の問題を解くことをゆだねたのである。もちろん科学者に用兵作戦の研究実績があるはずはない。にもかかわらず、彼等は軍の作戦を決定するための極めて重要な基礎資料を提供し、敵の攻撃による被害を少なくし、味方の勝利を早めるために幾多の重要な貢献をした。作戦を決定し、実行するのは司令官の任であるが、複雑な戦闘条件を分析して、諸条件の関連を解明し、起こり得る可能性を予測するなど、作戦決定に対する数量的基礎を与えるという仕事は、確かに科学者達の研究に通じている。

数学者、物理学者、時には生物学者、心理学者まで加わった画期的な研究チームの目的が、戦争という恐ろしい問題に向けられていたのは誠に不幸な事であったが、彼等の専門知識と科学的才能を結集した研究方法は、戦争という局面から出発したものの、戦後には数学の新しい部門を開拓することになったのである。

軍事上の問題は、例えば「輸送船団を送るとき、護衛艦や護衛の飛行機に制限があるので、輸送船団の大きさをどれくらいにしたら、護衛をできるだけ少なくして、しかも被害を最少にくいとめることができるか」というような膚寒《はださむ》いものになる。またアメリカでは、昭和十九年比島レイテ湾での戦いで、日本の神風特攻機の攻撃に対して、軍艦の種類と特攻機の攻撃態勢の変化に応じ、いかなる行動で対処すべきかが作戦研究室付の学者グループによって研究された。彼等の得た解答により、米艦隊の日本特攻機による損害は当初よりずっと少なくなったということが記録されている。アメリカでは神風特攻機に対する作戦のほか、機雷敷設による飢餓作戦、B29爆撃隊による夜間作戦、新型戦闘機による空中作戦、大西洋における対Uボート作戦などが学者グループによって行なわれた有名な作戦である。

戦時中、軍事目的で編成されたO・Rチームの数学者や物理学者は、その経験と特有の数学的才能を生かして、戦後非軍事的なO・Rの研究に着手した。やがて、新しいO・Rグループがつぎつぎに作られ、いまでは大学でもO・Rの講座が開かれ、O・Rの学会が生まれ、機関誌も出るし、専門の書物も数多く発行されている。その理論は生産計画、人員配置計画、輸送計画、そのほか種々の企業生産活動の計画に利用されるばかりでなく、鉱脈の探索や魚群の追求などにおける努力の最適配分の問題、あるいは在庫管理、設備管理などの研究にまで及んでいる。もっとも、このような研究も人間の社会活動、生産活動に対する作戦研究なのであるから、戦時の軍事作戦の研究とは対象が違うというだけなのかもしれない。

O・Rはどのように行なわれるか

O・Rを実施する際には、その対象に応じていろいろの分野の専門研究家を集め、O・Rチームが編成され、個々の学者の研究ではなくチームとしての研究が行なわれる。チームの中心的役割は数学者によって占められるのがふつうであるが、課題が経済問題ならば、経済学者やその他必要な関連部門の専門研究家が加わることになるだろうし、鉄道建設という問題ならば専門の鉄道関係の技師が加わることになるだろう。また軍事研究ならば軍関係の人々が入ることはいうまでもない。さらに人間関係を対象とする場合ならば心理学者や学校の教師が加わることもあるだろう。

O・Rチームにはいくつかの作業段階がある。まず現実の問題を正しく把握しなくてはならない。例えば生産計画を立てる場合には、必要な資材の量、生産工程の種々の様式、必要経費、製品の販売状況、利益などを明瞭にし、可能なかぎりのいろいろの状態や計画の組み立てられる条件を調べ、種々の要因を組み合わせて、できるだけ現実に忠実なモデルを構成する。現実の問題を定式化し、数学的な表現によるモデルを作ることができたら、そのモデルからの解を求め、さらにモデルおよびそのモデルから導かれた解をテストしてみる。それによって目的に最もよく適合した解が見出され、実施に移されるわけである。

その過程においては、電子計算機が有効に使われることも少なくない。しかし、O・Rに登場する問題では、問題の内容が余りにも複雑であって、容易に数学的な形式にモデル化することが出来ない場合、またできても数学的に解答を求めることが困難な場合も少なくない。このような場合には、しばしば電子計算機上にモデルを実現し、電子計算機自身によって解決させる場合もある。このような方法をシミュレーションとよぶ。これは電子計算機内に、現実の問題のモデルを組み込んで、現実の過程と同様なことを電子計算機にさせるので、数学的な定式化がうまくいかない場合でも解答を求めることができるばかりでなく、少ない経費と短い時間で種々の実験を自由にくりかえすことができる利点がある。この場合には数学的な定式化をした場合のような正確な解答を期待することは難しいが、実際の企業上の問題、生産技術上の問題に対しては極めて有効な方法で、最近非常に注目されている。

このシミュレーションにおいて使われる最も代表的な手法は、あとでのべるモンテカルロ法である。O・Rで使われる手法にはいろいろのものがあるが、その二、三について説明しておこう。

線型計画法

簡単な例で説明することにしよう。ある工場で、二種の部品A、Bをつかって、二種の製品X、

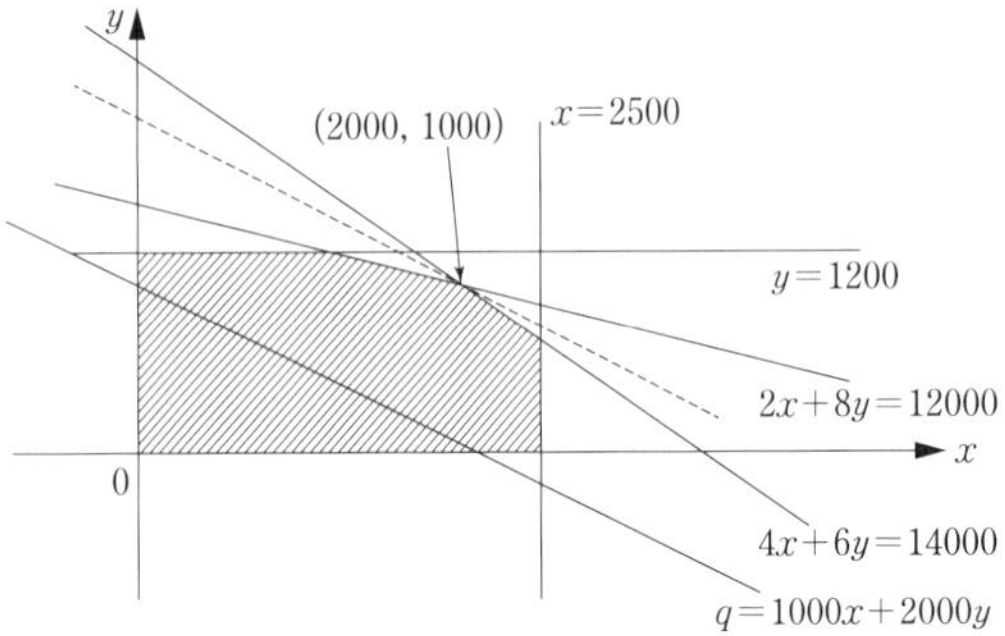

$0 \leqq x \leqq 2500$

$0 \leqq y \leqq 2500$

$4x+6y \leqq 14000$

$2x+8y \leqq 12000$

月間の利益を q とすると

$q=1000x+2000y$　　　（＊）

上のグラフから，$x=2000$，$y=1000$ のとき，

q は最大となる．

fig. 72

Yを組み立てている。この工場の生産能力は、製品Xについては月産二千五百個まで、製品Yについては月産千二百個までである。Xを一個組み立てるには、部品Aが四個、部品Bが二個必要で、Yを一個組み立てるにはAが六個、Bが八個必要である。ところで部品Aは一ヶ月に一万四千個まで、部品Bは一ヶ月に一万二千個までしか使用できない。製品一個当たりの利益は、Xが千円、Yが二千円である。この工場で月間の利益を最大にするには、X、Yをそれぞれ何個ずつ生産すればよいか。

この問題の内容を表にすれば、つぎのようになる。

X、Yの月間生産個数をそれぞれ、x、y個とすれば、x、yのみたす条件を一次不等式で表わすことができる。

これらの条件をみたすようなx、yの組

製品／部品	X	Y	制限個数
A	4個	6個	14,000個
B	2個	8個	12,000個
利益	1,000円	2,000円	
生産能力	2,500個	1,200個	

に対して、(＊)で表わされる一次式の値が最も大きくなるのは、x、yがどんな値をとるときであるかというのが、この問題の数学的表現になるわけである。このように一次式または一次不等式で条件が与えられるとき、(＊)のような一次式で表わされるもの（目的函数）を最大、最小にするように計画をきめる方法が線型計画法である。線型というのは条件および目的函数が一次式であることを表現する言葉である。

　線型計画法はリニアプログラミング（linear programming）ともいい、これを略してL・Pとよぶこともある。これは戦時中、戦略物資や資材の輸送の合理的計画を立てるために考えられたものであるが、その後さらに発展して、経済や経営の問題などにも適用されるようになり、電子計算機の発展と相まって、その応用はますます広がっている。もちろん現実の問題は、ここに示した例のような簡単なものではなく、もっともっと複雑である。

　線型計画法の一般的問題を解くには、シンプレックス法（一九五〇年に発見された）という計算方法が用いられるが、多くの場合は電子計算機を使って計算しないと、到底結果が求められないほど複雑なものである。電子計算機の発展はこうした意味でも種々の部門の発展に対して、直接間接に大きな影響を与えているのである。もっとも、いままではっきりしなかったことを、極めて簡単な定式化によってほとんど計算を要せずに解決したという例もある。

ゲームの理論

将棋、碁、チェス、トランプ等、対戦する相手がたがいに術策を立ててするゲームにおいては、誰でもその必勝の策はないものかと考える。このようなゲームにおいては、いうまでもないことであるが、一方の術策により、他方の術策の効果は直ちに変わってしまう。

このような事情は、単に遊戯的なゲームに限ることではなく、経済上の問題、政治上の問題あるいは軍事上の問題等、利害得失の相対立する問題には共通したものである。このような利害、得失の相対立する行動の様式を理論的に解明しようという目的で生み出されたのが、いわゆるゲームの理論である。例えば商品の販売に際して、その競争相手に対する術策、あるいは消費者を相手とする術策など、相手の行動を想定して行なわれる経済行動では、ゲームにおけると同様に、それぞれの術策が立てられる。ゲームの理論は二十世紀の代表的数学者の一人フォン・ノイマン(John von Neumann)によってはじめて研究されたのであるが、彼と経済学者モルゲンシュテルンとの共著『ゲームの理論と経済行動』の中には、つぎのようなことが書かれている。

「われわれは社会経済の参加者に『合理行動』を明白に示すような数学的に完全な原理を見い出したいと願っているのである……」この文章が示すように、ゲームの理論は、経済問題についても、その合理行動を数学的に解明しようとしている。このことは他の場合についても同じことで、いわばカケヒキの数学理論である。合理的なカケヒキとは如何なるものかを数学的に解明しようとするのがゲームの理論であるということができよう。

モンテカルロ法

モンテカルロ（Monte Carlo）はモナコ公国の一部で有名な観光地である。ここは気候温暖、風光明媚で夏冬を問わず多くの観光客が集まり、毎年行なわれる自動車ラリーや公営賭博場カジノは、モンテカルロの名を聞けばすぐに思い出される程有名なものである。賭博場カジノは豪華な設備をほこり、そこには千人の客を収容することのできる大広間と、ルーレットを備えたいくつかの部屋があって、昼夜を分かたずルーレットのひびきがきこえているということである。モンテカルロ法という数学的手法の名称が、このモンテカルロの地名をとったものであるといえば、甚だ奇異な感じをうけるかもしれない。実はこれもまた、第二次世界大戦のいやな思い出に結びついてしまうのである。

戦争中、アメリカのロスアラモス科学研究所の物理学者達は、原子爆弾製造に連なる物理学上の難問に取り組んでいた。その問題は、余りにも複雑な内容をもっていて、実験的に結果を導こうとしても、多額の費用と長い時間を要するし、またその実験を始めたとしても果たして成功するかどうかわからないというやっかいなものであった。それは理論的にある公式を導き出し、数値的な計算によって結果を出すというような性格のものではなかったのである。戦争という差し迫った事態から、何としてもこれをはやく解決しなくてはならない。もちろん戦争がなくても、やがて科学者達の執念がこれを解きほぐす時が来たであろう。

しかし、幸か不幸かそれは軍事目的に間に合うように解決された。数学者ニューマンとウラムが、これまでの考え方を超えた驚くべき方法でこの難問を解いたのである。彼等のとった方法は何とカジノのルーレットを回してするのと同じ原理に立っていた。秘密を守るためその方法を「モンテカルロ法」という暗号でよんでいたのであるが、この方法もまた、平和をとりもどした世界では、極めて広い範囲の適用が見い出されたのである。

偶然を利用する

賭博には大金がかかっているため、そこで使う「さいころ」やルーレットに不正なしかけをする「賭博場荒し」の昔話を聞かされるが、正しい作り方のさいころやルーレットでは、出てくるものが何であるか予め知ることはできない。しかし何回もやっているうちにはどれもこれも一様に出てくるはずである。われわれがさいころを投げて、1の目が出る、あるいは5の目が出るということは、すべて偶然であるが、これを何回も何回もくりかえし投げていると、正しいさいころならばどの目も一様に出てくるはずである。

ふつうのさいころでは1から6までしか出てこないが、例えば正二十面体の各面に0から9までを書き込んでおけば、一桁の数がすべて出てくるさいころができる。もちろん面が二十個あるので、各数はそれぞれ二つの面に書いておくのである。このさいころを振れば、0から9までの数がそれぞれ偶然に出てくる。立方体を作るのと違って、正二十面体を作るのは技術的に難しいが、これが正しく作られてさえいれば、0から9までの各数は一様な確からしさで出るはずである。このさいころを「乱数さいころ」と呼んでいる。いま0から9までの数字から、一つずつの数字をとり出そうとすると、人によってくせがあったり、好みがあったりして、ある数字を多くとったり、逆にある数字をさけたりして、仲々一様にはいかないものである。こんなとき「乱数さいころ」を使うとつごうがよい。人の個人的な感情や作為をぬきにして数を並べ、しかも全体として数の出方が一様になっているようにするというのは、いわれてみると案外大へんなことである。

fig. 73

ところが実際には、0から9までの数をつぎつぎと取り出していって、しかもこれを何百、何千と並べたとき、その全体として見ればどの数字にも片よることなく一様に取り出されているようにするという必要がしばしば起こってくる。そこで、0から9までの数をまったくでたらめに並べて、しかも全体としてはどの数にも片よっていないような数の表が作られている。このような表を「乱数表」とよぶ。乱数表の作り方はいろいろあるが、その表が乱数表として認められるためには、いろいろの複雑な検定に合格しなくてはならない。

モンテカルロ法ではこの乱数表が有効に使われる。フォン・ノイマンとウラムは初期の頃、モンテカルロ法とは「決定的な数学の問題の処理に、乱数を用いること」であるといった。しかし現在では決定的ではない確率的な問題の処理にもモンテカルロ法が使われている。

3　電子計算機

電子計算機の活躍

電子計算機といえば、すばらしくいろいろの事ができ、また信じられない程の速さで事を処理する恐るべき機械であるという印象をうけるであろう。事実、電子計算機を使って選挙の予想をしたり、進学適性の相談に応じたりすることもできるし、給料計算などの事務処理や銀行業務に電子計算機が使われていることなどもよく話題になる。さらにまた、人工衛星を飛ばすときも、電子計算機が活躍しているのだと聞かされる。国鉄（現ＪＲ）では昭和四十年の十月一日から「みどりの窓口」を開設し、乗客の座席指定に電子計算機を使って、全国主要幹線の望む列車の指定席のあるなしを一分もかからずに答えるばかりでなく、座席がある場合はすぐに列車名、日付、時間、座席番号、料金等の印刷された少し大型の切符を渡してくれる。

われわれの社会生活に関係のある部面だけでも電子計算機の活動しているところは実にたくさんある。いまや電子計算機はいたるところでその機能の一部になっているという感じがする。もちろん複雑な科学計算にもどんどん使われている。電子計算機ができたおかげで、これまではできなかった新しい研究分野さえも開けつつある。電子計算機というのはまったく驚くべき機械である。その仕事の速さ、正確さも想像に絶するものがある。

例えば、円周率πの値は、一八七三年にシャンクス（W. Shanks）により七百七桁までが示され、永い間円周率計算のレコード保持者はシャンクスであるとされていた。彼にしてみればこれはほとんど生涯の大事業であった。ところが大型の電子計算機でその計算をすれば、シャンクスの計算した七百七桁位なら一分以内で楽にできる。一九四六年には、シャンクスの計算がその五百二十八桁で誤りがあったことまで明らかにした。こうなるともう人力と比較するには余りにもかけ離れすぎている。

計算とは

計算機というのは計算をする機械であるのは当り前である。計算といえば数の加減乗除あるいは平方根、立方根などを求める計算などを思い出すだろう。しかし、電子計算機の仕事をみると、これは必ずしもいまいったような数の計算だけをするものではなさそうであるということに気がつく。

ふつうにいう計算機(器)なら、日本独得のそろばん、あるいは手回しの計算機、卓上のボタン式加算器、さらに進んで電動式の計算機など、近頃ではいたるところでいろいろのものが使われている。日本人は外国人にくらべて暗算がうまいといって自慢する外国帰りの人も多いが、いくら暗算がうまくても暗算には限度がある。もっともそろばんの達人になると、そろばんですると同じことを暗算でゆうゆうとやってのけるが、そんな人はそうざらに居るわけではない。

現代の社会生活から数を切り離して考えることはできないだろう。したがって必然的に計算が必要になる。そこでふつうの計算機もしだいに発達し普及してくるという段取りになるのである。ところで、電子計算機も計算機と名がついているのであるから、やはり「計算をする機械」であって、とにかくすばらしいスピードで計算を実行するものであるときめつけてよいだろうか。これは気にかかる問題である。仕事の内容からいって疑問が出る。

この疑問——名前と仕事のくいちがい——を解決するには、電子計算機という場合の「計算」という言葉の意味から考えなくてはならない。例えば座席指定をする場合の手順を、極めて大ざっぱに並べてみよう。

何枚かの申込みカードがあって、それを順に処理していくとする。まず一枚のカードを取り出し、希望する日時を見る。その希望日時のところがすでに満員ならばつぎのカードを取り、あればその希望する座席があるかどうかしらべる。なければつぎのカードに移る。あれば割り当てをし、必要な記入をした上でつぎのカードを同様な手順で処理する。これをくり返しやって、申込みカードがなくなれば仕事が完了するというわけである。まことに当然のことである。これと数の割り算とを比較してみよう。

次ページのような割り算では、問題が与えられると、まず除数の桁数に応じて被除数の上から何桁かをとって商の最初の数をきめる。ここではじめに76を25で割り、商3が立って余り1が出ることがわかる。つぎに5を下ろして15を25で割ることになるが、割れないのでもう一つ5を下ろす。こんどは6が立って余りが5、つぎに0を下ろして50となり、これを25で割ると2が立って割りきれ、割り算は完了する。

ここで示した座席指定の手順と割り算の手順とをふりかえると、内容はまったく別のことであるにもかかわらず、何か通ずるものがある。

割り算では、最初に被除数の上位から何桁かをとり出す、あるいは第二回目以後ならつぎの一桁を下へ書くということ、割り算ができるかどうかをしらべて、できれば商を立てて割り算を実行し、また同じことをくりかえす。このように見ると一方は数の計算、一方は座席の割り当てであっても、そこで行なわれている仕事は

1　ある状態を見たら、その状態ではどんな操作をすればよいかが一意的にきまっている。

2　そのとき行なわれた操作によって、つぎの状態が出て来たら、またそれに応じてつぎの操作が行なわれる。

3　この操作がきまった手順で行なわれ、ある一定の状態に到

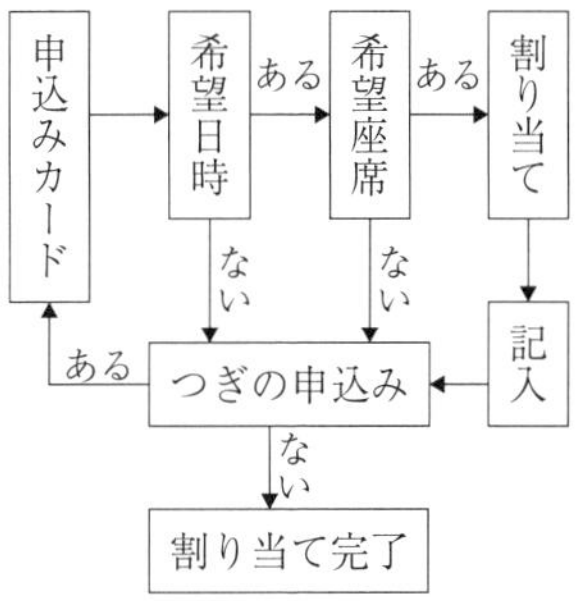

fig. 74

```
      3062
25)76550
   75
    155
    150
      50
      50
       0
```

達するまで続けられる。

このような抽象的な見方をすると、加減乗除の計算でも、座席指定でも事務処理でも、それぞれの状態に応じた操作と、その手順の系列として見れば、どれもこれも本質的には同じ性格の仕事になる。数学者達は、こうした共通性を見ぬいて、その手順をふんで行くことをすべて計算と見るのである。電子計算機の計算というのは、このような広い意味での計算である。その意味では電子計算機も確かに計算機械という名に値するわけであるが、計算という言葉が数の計算と結びついて理解されるため、しばしば誤解が起こる。

ある人は電子計算機に、この「計算機」という名をつけたのは誤りであったとさえいっているが、計算という言葉を狭い意味にとれば、そういうことになるわけである。電子計算機の「計算」は数の計算という意味だけではないということである。

人工頭脳

電子計算機は、しばしば人工頭脳あるいは電子頭脳とよばれる。これは電子計算機が頭脳的な仕事をするということを表わした名称である。いまここで「頭脳的な仕事」とは何であるかと開き直って議論するつもりはないが、記憶したり、判断したり、それらに基づいて推論したり、目的に合う処理をしたりするということは、一応頭脳的な仕事であるといってよいだろう。

記憶するということを極めて表面的に解釈すれば、事柄を記録しておいて、必要なときにそれを役立てるようにしておくことである。よく物忘れする人はメモを作ればよいし、仕事が多くていちいち憶えていられない人は、秘書に命じて記録させておけばよい。また学者は新しい研究や過去の知識を書き留めてあとの研究に活用できるように用意しておくだろう。もちろんいちいち記録しないで、ほんとうに頭の中に記憶している場合も相当多いのであるが、もし、記録が完全にできていて、必要に応じてそれを直ちにとり出せるようになっているとしたら、いちいち憶えている必要はないわけである。電子計算機にはこの意味での記憶装置がついている。電子計算機自体が必要なもの（あるいは与えられたもの）を記録し、それを残しておくだけでなく、人間がちょうど憶えていたことを使って何かすると同じように、記憶装置から必要なものを読みとって役立てるということもするのである。

物事の判断をするには、その判断の基準を知っていなくてはならない。電子計算機も、あらかじめ判断の基準を記憶させておけば、それに応じた判断を適確にすることができる。しかし、人間のように、教えられなくても、その場に応じて適当に判断を下すというようなことはできない。いわれたことをいわれた通りに、適確にすばやくやってのけるというのが電子計算機の特色であって、融通をきかせることはできないというのが持前である。

記憶装置といっても、われわれ人間のするように紙に書いておくわけではなく、一種の電気的な仕掛けになっているものであって、機械によって記憶量も違っている。人間でいえば物おぼえのいい人と悪い人の違いがある。ただ人間の記憶と違うところは、電気的な働きによって、その

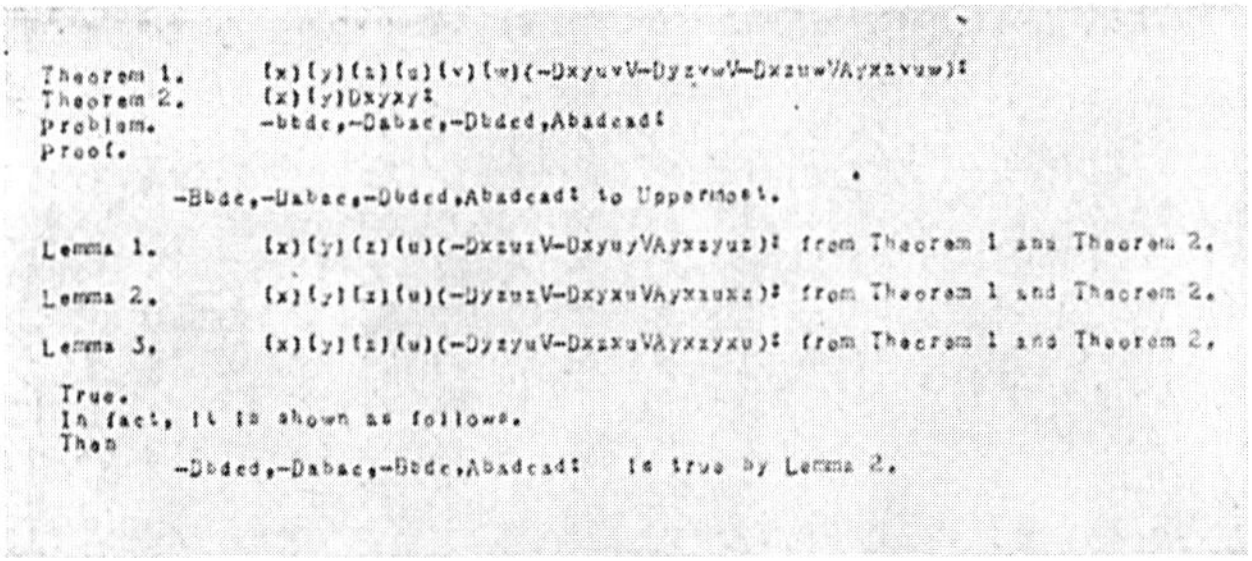

```
Theorem 1.      (x)(y)(z)(u)(v)(w)(-DxyuvV-DyzvwV-DxzuwVAyxzvuw):
Theorem 2.      (x)(y)Dxyxy:
Problem.        -bbdc,-Dabac,-Dbdcd,Abadcad:
Proof.

        -Bbdc,-Dabac,-Dbdcd,Abadcad: to Uppermost.

Lemma 1.        (x)(y)(z)(u)(-DxzuzV-DxyuyVAyxzyuz): from Theorem 1 and Theorem 2.

Lemma 2.        (x)(y)(z)(u)(-DyzuzV-DxyxuVAyxzuxz): from Theorem 1 and Theorem 2.

Lemma 3.        (x)(y)(z)(u)(-DyzyuV-DxzxuVAyxzyxu): from Theorem 1 and Theorem 2.

  True.
  In fact, it is shown as follows.
  Then
        -Dbdcd,-Dabac,-Bbdc,Abadcad:   is true by Lemma 2.
```

fig. 75

記憶を直ちに変えることができるということである。

人間はすぐ忘れたり、憶えたことが仲々忘れられなかったりするが、電子計算機の記憶装置はその点心配はない。憶えさせておこうとすればいつまでも憶えているし、忘れさせようとすればいつでも忘れさせられる。物を憶え、手をこまねいて事を判断するというだけでは、何も仕事はできない。その判断に従って必要な仕事を処理し、結果を導くという働きがなくてはならない。

そうした仕事をする部分を電子計算機の演算装置という。ここは仕事をする現場であるから、仕事を指示し、監督して、事を正しく処理させなくてはならない。仕事の手順を指示し、その過程を監視して、それぞれの状態に応じた正しい指令を出すということを担当する部分も電子計算機に仕組まれている。これが制御装置である。

制御装置といっても、その制御の内容は記憶装置の中に記憶させておかなくてはならない。そこで、まず電子計算機には、あらかじめ必要な知識と、仕事の手順や監視の方法、指示の仕方などを記憶させておかなくてはならない。これさえ教えておけば、あとは機械がそれ自身の中で判断し、処理し結果を出してくれるのである。この教え込む部分が入力装置、できた結果をとり出す部分が出力装置とよばれるものである。これまでに概略説明した、入力装置、記憶装置、演算装置、制御装置、出力装置が電子計算機の基本的な構成であるが、実際の機械では、これらがそれぞれ別々にあるわけではなく、いろいろに組み合わされ、様々の順序に働いているのである。

プログラム

これまで、電子計算機を人間に例えながら話を進めて来たのであるが、電子計算機はあくまでも機械であって、人間とは本質的に違っている。記憶するといっても、それは電気的な作用で一つの状態を作っておくにすぎない。したがってここには人間の使う文字や、言葉がそのまま通じるわけではない。また演算装置で、ある一つの計算を進めるにしても、人が紙の上で計算をし、一つ一つ考えながら事を進めるのと、まったく同じ操作で事が運ばれるというわけでもない。

機械には機械としての「言葉」があり、機械としての仕事の進め方がある。それは機械の構造や能力に応じて、この機械を使う「人間」が考えて与えてやらなくてはならない。そのために電子計算機に応じられるように、仕事そのものの内容や過程の分析をしなくてはならない。

例えば一つの函数 $f(x)$ について、x の個々の値に応じた函数の値を計算させるとしよう。まず、x の値の範囲や、x の値を与える間隔など、あらかじめ指定する条件と共に、$f(x)$ の式に応じた計算の手順を作って入力装置から機械に入れて記憶させておかなくてはならない。このとき、人間が計算するならば、いろいろの高級な公式や、簡便な省略操作を使ったり、適当な知識を個々に活用してうまくやることもできるが、機械には、この「適当な」という融通性がない。知識は少なく単純であるが、それを使うことなら恐ろしい速さで事を進めるというのが特徴である。われわれがやったらいや気のさすような迂遠な方法でも、単純な操作だけを組み合わせた手順ならば、それを忠実に実行して、またたく間に結果を出してくれるのである。そこで、どんな複雑な計算でも、これを単純な単位操作の積み重ねに分析し、演算の手順をその単位操作の指示の系列で表わさなくてはならない。このようにしたものをアルゴリズムという。

アルゴリズムはふつう四則演算の指示、二数の大小の比較、位置の入れかえなどとともに、ある指示からつぎの指示への移行などの補助的な操作もふくめられる。このようにして作られた系列は時として恐ろしく長くもなるが、それは電子計算機の持前のスピードで難なく克服され、われわれが考えるほど気になることではない。アルゴリズムに分解された演算や操作とともに、その機械の構造に対応した指示の系列を与えるものをプログラムといい、プログラムは機械のことばに直されて、入力装置から記憶装置に送り込まれるのである。したがって、電子計算機に仕事をさせようとすれば、まずこのプログラムを作らなくてはならない。これは機械を使う前の人間の仕事である。プログラムが完全に与えられれば、途中は全部機械がしてくれて、人間は出てくる結果を待てばよいのである。

電子計算機に適当なプログラムを与えれば、その機械は驚くべき機能を発揮する。しかし、プログラムを与えなければ機械は何もしてくれないのである。電子計算機が工場から出て来たときは、プログラムに応じて何でもできるという機能を持っている機械であるというだけであって、この機械に電流を通じても意味がない。プログラムを作って教えてやれば、それによって仕事をする。したがってプログラムを作るということは、その機械の仕事に対する設計書を作ることになるのである。

プログラムを作る仕事は非常に手間のかかることではあるが、これがなければ機械はその機能を発揮してくれない。

適当なプログラムを作れば、論理計算もしてくれるし、初等幾何の証明もやってくれる。また整数論の問題を解いたり、抽象代数学の証明をさせた数学者もいる。この方面のことについては、日本の若い数学者達の貢献もたくさんある。電子計算機がどんな仕事をするかは、電子計算機にどんな仕事をさせ得るかという研究にかかっている。現に作曲をさせたり、翻訳をさせたりすることも研究されている。電子計算機にどんなことができるかということもすべて将来にかかっている。

4　数学は生きている

数学の現状は

これまでに、時に数学の歴史を語り、その底に流れる数学の思想に触れ、現今の数学の姿をのぞいて、その心がどこにあるかをさぐろうとつとめてきた。しかし、この書物の性格からいっても、与えられた紙数からいっても、数学というものを語りつくすことはとてもできない。筆者はとにかく、語り得ることを、書き得る範囲で、できるだけの努力をしてみたが、結果はこれだけのものである。

現在の数学者がどんなことを研究し、数学がどんな状態になっているかなどということはとても説明しきれない。もうわれわれはこれまでのことであきらめるほかはない。数学者達は昨日よりきょう、きょうよりもさらに明日と、その思想を発展させ、技法を拡張して、新しい発見を続けている。数学が抽象化すればするほど、これを具体的に説明することは困難になる。数学者達の頭脳の中には、抽象化された概念がうずまき、それがいたるところで新しい活路を求めて動いている。

特殊な目的ではじめられた事も、数学者達の手に帰すると直ちに抽象化され、一般的な広い思想の中に包括されて、やがてはまた当初には想像もつかなかった具体の中にも生きていることが発見される。その時には数学は誠に自然をその根源において支配するかのような感さえ起こしかねない。しかし、それも皆手をこまねいて知られるものではなく、数学者達の鋭い洞察と、きたえぬいた強い思考力とに待たなくてはならないのである。

数学の研究部門も、今では広まる一方である。論文や著書の数も一時代前とは比較にならない数にのぼっている。試みにアメリカ数学会で発行しているマセマテカル・レビュー（数学評論）という刊行物をのぞいてみよう。この書物は世界中の多数の数学者に依頼して、世界中の専門誌に発表された数学の論文または著書についての論評を書いてもらい、それを収録して毎月刊行しているものである。ここに収録された論文、著書の数を、一九六六年の一月、二月、三月の分についてみてみよう。下にあるのは論評の番号である。

一九六六年一月号（第三十一巻第一号）一―一一五五
同　　二月号（第三十一巻第二号）一一五六―二二〇三
同　　三月号（第三十一巻第三号）二二〇四―三三九〇

となっている。この三ヶ月で、実に三千以上の論文著書が紹介されているがその研究分野もまた多種多様である。表紙に印刷されている項目の一覧表を見ると実に五十数個の部門に分けられている。こうして、数学は恐ろしい勢いで発展しつづけている。

ブールバキ学派の人々

現代数学を語るとき、N・ブールバキ（N. Bourbaki）の名を落すことはできない。ブールバキというのは普仏戦争に現われた将軍の名であるが、いま語ろうとするのは、この名の下に集まるすぐれた数学者達の集団である。

一九三〇年代の中頃、フランスの若い数学者達が、新しい思想の下で数学を再構成しようと企て、協同して一つの書物を書き上げた。その書物の著者の筆名としてえらばれたのが、独仏戦争時のフランスの将軍ブールバキの名であった。その後彼等は新しい構想で次々と数学を書きかえ、すでに二十巻にも達する書物が出されている。彼等は数学を論理的な出発点にまでひきもどし、過去に現われた多種多様な結果を、公理論によって再編成しようとしている。数学が、各時代を通じ、各分野に分かれ、論文は次々と出ている。毎年ぼう大な論文を書いている数学者達は、細かく分化したそれぞれの分野に属し、たがいに独立な研究を進めることが多い。

ブールバキもいうように「これらの分科は、その目的だけでなく、その方法においても、その言葉においても互いにまったく孤立しているのである」。もちろん、数学は極めて多様性をもっていて、ずっと古い時代ならばともかくとしても、現代に近づくに従って、いかなる天才といえども一人の人によってそのすべてに通ずるということはほとんど不可能になって来た。しかし、このほとんど不可能と思われることをしてみせてくれた驚異的な天才もある。

例えばガウス、リーマン、ポアンカレ、そしておそらく最後にヒルベルトがそうである。ヒルベルトは数学のあらゆる分野に貢献した人であるが、その個々の分科における業蹟よりも、むしろ彼の思想が数学の全般に極めて大きい影響を与えた。前にものべたように、彼は数学を公理的に建設する方法を確立したのである。

彼のこの方法を推し進めることによって現代数学の方向が完全に決定したといっても過言ではあるまい。この公理化の方法も、当初はいくつかの特殊な理論を基礎から完全に確立する目的に使われているかのようにも考えられた。しかし、ブールバキの人々は、非常に多くの部門を含む一般的理論をつくることによって、数学の各部門をできるだけ統一的に論じようとしている。したがって、代数学とか幾何学とか、解析学等々という分類を超え、これらが互いに交錯する中で、統一ある一つの「数学」を建設しようという企てなのである。単純なものから複雑なものへ、一般的なものから特殊なものへと、秩序ある構造の段階をもった一つの「数学」が作られようとしている。ブールバキの著書は、それがいつ完結するかはかり知れないが、年々何冊かずつ出版されている。これらは恐らく二十世紀の数学の新しい礎石となり、「数学」という壮大な建築を支えていくことであろう。

ブールバキ派の人々の主張は、数学的構造を公理によって定め、その公理系から純粋に論理的に種々の命題を導き出すという、ヒルベルトの精神に徹した方法をとっている。このようにして作られる極めて抽象的な理論は、それ自体はまったく具体性を持っていないのであるが、その抽象性があればこそ、より広範に適用の可能性を含んでいる。現に、この方法が具体的な問題解決に驚くべき鍵を与えていることも実証されている。

物理学者ディラックは「どんなに新しい数学的概念も、自然の中にその解釈をもっている」といった。また今世紀最大の数学者の一人であるワイル（H. Weyl）も、この宇宙には予定調和があるように思われるとのべている。数学はこの調和を追って進んでいるのかもしれない。しかしその成果はこの現実の社会にも、つねに生きて動いている。

第Ⅱ部・参考文献

吉田洋一・赤攝也『数学序説』培風館。
アドラー（宮本・山内訳）『新しい数学』ダイヤモンド社。
武隈良一『偶然の数学』河出書房新社。

解説
津田雄一（つだ・ゆういち）
宇宙航空研究開発機構（JAXA）宇宙科学研究所教授・はやぶさ2拡張ミッションチーム長。1975年生まれ。東京大学工学部航空宇宙工学科卒業、同大大学院航空宇宙工学専攻博士課程修了。博士（工学）。専門は宇宙工学、宇宙航行力学、太陽系探査。2015年、史上最年少でプロジェクトマネージャー（はやぶさ2プロジェクト）に就任、小惑星リュウグウのサンプル採取と2020年12月の地球への帰還を成功に導いた。
著書に、『はやぶさ2　最強ミッションの真実』（NHK出版新書）、『はやぶさ2の宇宙大航海記』（宝島社）、『はやぶさ2のプロジェクトマネジャーはなぜ「無駄」を大切にしたのか?』（朝日新聞出版）など。

村田 全（むらた・たもつ）
立教大学名誉教授。1924 年、兵庫県生まれ。1948 年、北海道大学理学部数学科卒業。文学博士（慶應義塾大学）。立教大学理学部教授を経て桃山学院大学文学部教授などを歴任。2008 年没。
著書に『数学をきずいた人々』（さ・え・ら書房）、『日本の数学 西洋の数学：比較数学史の試み』（中公新書→ちくま学芸文庫）など、共訳書に『ブルバキ 数学史』上・下（東京図書→ちくま学芸文庫）など。

茂木 勇（もぎ・いさむ）
筑波大学名誉教授。1919 年、茨城県生まれ。1947 年、東京文理科大学（現・筑波大学）理学部数学科卒業。理学博士。筑波大学教授・副学長、文教大学教授・学長を歴任。2009 年没。
共著書に『微分幾何学とゲージ理論』（共立出版）など。『解法のテクニック』シリーズ（科学新興社）、数学の「基礎」シリーズ・「高校課程」シリーズ（ともに裳華房）の執筆でも知られる。

NHK BOOKS 1289

数学の思想［改版］

1966年 5月25日 第1刷発行
2024年 9月25日 改版第1刷発行

著 者 村田 全 茂木 勇

発行者 江口貴之
発行所 NHK出版
東京都渋谷区宇田川町10-3 郵便番号150-0042
電話 0570-009-321（問い合わせ） 0570-000-321（注文）
ホームページ https://www.nhk-book.co.jp
装幀者 水戸部 功
印 刷 三秀舎・近代美術
製 本 三森製本所

Printed in Japan ISBN978-4-14-091289-8 C1341

NHK BOOKS

＊自然科学

アニマル・セラピーとは何か　横山章光
免疫・「自己」と「非自己」の科学　多田富雄
生態系を蘇らせる　鷲谷いづみ
快楽の脳科学―「いい気持ち」はどこから生まれるか―　廣中直行
確率的発想法―数学を日常に活かす―　小島寛之
算数の発想―人間関係から宇宙の謎まで―　小島寛之
新版 日本人になった祖先たち―DNAが解明する多元的構造―　篠田謙一
交流する身体―〈ケア〉を捉えなおす―　西村ユミ
内臓感覚―脳と腸の不思議な関係―　福土 審
暴力はどこからきたか―人間性の起源を探る―　山極寿一
細胞の意思―〈自発性の源〉を見つめる―　団 まりな
寿命論―細胞から「生命」を考える―　高木由臣
太陽の科学―磁場から宇宙の謎に迫る―　柴田一成
進化思考の世界―ヒトは森羅万象をどう体系化するか―　三中信宏
イカの心を探る―知の世界に生きる海の霊長類―　池田 譲
生元素とは何か―宇宙誕生から生物進化への137億年―　道端 齊
有性生殖論―「性」と「死」はなぜ生まれたのか―　高木由臣
自然・人類・文明　F・A・ハイエク／今西錦司
新版 稲作以前　佐々木高明
納豆の起源　横山 智
医学の近代史―苦闘の道のりをたどる―　森岡恭彦
生物の「安定」と「不安定」―生命のダイナミクスを探る―　浅島 誠
魚食の人類史―出アフリカから日本列島へ―　島 泰三
フクシマ 土壌汚染の10年―放射性セシウムはどこへ行ったのか―　中西友子

＊地誌・民族・民俗

森林飽和―国土の変貌を考える―　太田猛彦
声と文字の人類学　出口 顯

※在庫品切れの際はご容赦下さい。

NHK BOOKS

＊教育・心理・福祉

身体感覚を取り戻す―腰・ハラ文化の再生― 斎藤 孝
子どもに伝えたい〈三つの力〉―生きる力を鍛える― 斎藤 孝
孤独であるためのレッスン 諸富祥彦
内臓が生みだす心 西原克成
母は娘の人生を支配する―なぜ「母殺し」は難しいのか― 斎藤 環
福祉の思想 糸賀一雄
アドラー 人生を生き抜く心理学 岸見一郎
「人間国家」への改革―参加保障型の福祉社会をつくる― 神野直彦

＊社会

嗤う日本の「ナショナリズム」 北田暁大
社会学入門―〈多元化する時代〉をどう捉えるか― 稲葉振一郎
ウェブ社会の思想―〈遍在する私〉をどう生きるか― 鈴木謙介
ウェブ社会のゆくえ―〈多孔化〉した現実のなかで― 鈴木謙介
現代日本の転機―「自由」と「安定」のジレンマ― 高原基彰
希望論―2010年代の文化と社会― 宇野常寛・濱野智史
団地の空間政治学 原 武史
図説 日本のメディア［新版］―伝統メディアはネットでどう変わるか― 藤竹 暁／竹下俊郎
情報社会の情念―クリエイティブの条件を問う― 黒瀬陽平
日本人の行動パターン ルース・ベネディクト
現代日本人の意識構造［第九版］ NHK放送文化研究所 編
争わない社会―「開かれた依存関係」をつくる― 佐藤 仁

※在庫品切れの際はご容赦下さい。

NHK BOOKS

＊宗教・哲学・思想

仏像［完全版］―心とかたち― 望月信成／佐和隆研／梅原 猛
原始仏教―その思想と生活― 中村 元
がんばれ仏教！―お寺ルネサンスの時代― 上田紀行
目覚めよ仏教！―ダライ・ラマとの対話― 上田紀行
現象学入門 竹田青嗣
哲学とは何か 竹田青嗣
東京から考える―格差・郊外・ナショナリズム― 東 浩紀／北田暁大
ジンメル・つながりの哲学 菅野 仁
科学哲学の冒険―サイエンスの目的と方法をさぐる― 戸田山和久
集中講義！日本の現代思想―ポストモダンとは何だったのか― 仲正昌樹
哲学ディベート―〈倫理〉を〈論理〉する― 高橋昌一郎
カント 信じるための哲学―「わたし」から「世界」を考える― 石川輝吉
道元の思想―大乗仏教の真髄を読み解く― 頼住光子
詩歌と戦争―白秋と民衆、総力戦への「道」― 中野敏男
ほんとうの構造主義―言語・権力・主体― 出口 顯
「自由」はいかに可能か―社会構想のための哲学― 苫野一徳
イスラームの深層―「遍在する神」とは何か― 鎌田 繁
マルクス思想の核心―21世紀の社会理論のために― 鈴木 直
カント哲学の核心―『プロレゴーメナ』から読み解く― 御子柴善之
戦後「社会科学」の思想―丸山眞男から新保守主義まで― 森 政稔
はじめてのウィトゲンシュタイン 古田徹也
〈普遍性〉をつくる哲学―「幸福」と「自由」をいかに守るか― 岩内章太郎
ハイデガー『存在と時間』を解き明かす 池田 喬
公共哲学入門―自由と複数性のある社会のために― 齋藤純一／谷澤正嗣
ブルーフィルムの哲学―「見てはいけない映画」を見る― 吉川 孝
物語としての旧約聖書―人類史に何をもたらしたのか― 月本昭男
国家はなぜ存在するのか―ヘーゲル「法哲学」入門― 大河内泰樹

※在庫品切れの際はご容赦下さい。

NHK BOOKS

＊政治・法律

＊経済

※在庫品切れの際はご容赦下さい。

NHK BOOKS

＊歴史(Ⅰ)

「明治」という国家［新装版］　司馬遼太郎
「昭和」という国家　司馬遼太郎
日本文明と近代西洋―「鎖国」再考―　川勝平太
戦場の精神史―武士道という幻影―　佐伯真一
古文書はいかに歴史を描くのか―フィールドワークがつなぐ過去と未来―　白水　智
関ヶ原前夜―西軍大名たちの戦い―　光成準治
天孫降臨の夢―藤原不比等のプロジェクト―　大山誠一
親鸞再考―僧にあらず、俗にあらず―　松尾剛次
山県有朋と明治国家　井上寿一
歴史をみる眼　堀米庸三
天皇のページェント―近代日本の歴史民族誌から―　T・フジタニ
江戸日本の転換点―水田の激増は何をもたらしたか―　武井弘一
外務官僚たちの太平洋戦争　佐藤元英
天智朝と東アジア―唐の支配から律令国家へ―　中村修也
英語と日本軍―知られざる外国語教育史―　江利川春雄
象徴天皇制の成立―昭和天皇と宮中の「葛藤」―　茶谷誠一
維新史再考―公議・王政から集権・脱身分化へ―　三谷　博
壱人両名―江戸日本の知られざる二重身分―　尾脇秀和
戦争をいかに語り継ぐか―「映像」と「証言」から考える戦後史―　水島久光
「修養」の日本近代―自分磨きの150年をたどる―　大澤絢子
語られざる占領下日本―公職追放から「保守本流」へ―　小宮　京
「幕府」とは何か―武家政権の正当性―　東島　誠

＊歴史(Ⅱ)

フランス革命を生きた「テロリスト」―ルカルパンティエの生涯―　遅塚忠躬
文明を変えた植物たち―コロンブスが遺した種子―　酒井伸雄
ローマ史再考―なぜ「首都」コンスタンティノープルが生まれたのか―　田中　創
グローバル・ヒストリーとしての独仏戦争―ビスマルク外交を海から捉えなおす―　飯田洋介
アンコール王朝興亡史　石澤良昭
シィエスのフランス革命―「過激中道派」の誕生―　山﨑耕一

※在庫品切れの際はご容赦下さい。